U0725499

勒·柯布西耶新精神丛书

一栋住宅，一座宫殿

——建筑整体性研究

［法］勒·柯布西耶　著

治棋　刘磊　译

中国建筑工业出版社

著作权合同登记图字：01-2005-6363 号

图书在版编目（CIP）数据

一栋住宅，一座宫殿——建筑整体性研究/（法）柯布西耶著；
治棋等译. —北京：中国建筑工业出版社，2010（2023.10重印）
（勒·柯布西耶新精神丛书）
ISBN 978 - 7 - 112 - 12234 - 9

Ⅰ. 一… Ⅱ.①柯…②治… Ⅲ. 建筑艺术 - 研究 Ⅳ. TU-8

中国版本图书馆 CIP 数据核字（2010）第 134367 号

Le Corbusier: Une maison-un palais

Copyright © 1989 Fondation Le Corbusier, published by Editions Connivences
Chinese Translation Copyright © 2011 China Architecture & Building Press
Through Vantage Copyright Agency of China

All rights reserved.

本书经广西万达版权代理中心代理，Fondation Le Corbusier 正式授权翻译、
出版

策　　划：董苏华
责任编辑：董苏华　戚琳琳　孙　炼
责任设计：赵明霞
责任校对：关　健　陈晶晶

勒·柯布西耶新精神丛书
一栋住宅，一座宫殿
——建筑整体性研究
[法] 勒·柯布西耶　著
治棋　刘磊　译

*
中国建筑工业出版社出版、发行（北京海淀三里河路9号）
各地新华书店、建筑书店经销
北京嘉泰利德公司制版
北京中科印刷有限公司印刷
*
开本：880×1230毫米　1/32　印张：7⁷/₈　字数：235千字
2011年3月第一版　2023年10月第五次印刷
定价：43.00元
ISBN 978-7-112-12234-9
　　　（36114）
版权所有　翻印必究
如有印装质量问题，可寄本社退换
（邮政编码　100037）

COLLECTION DE "L'ESPRIT NOUVEAU"

LE CORBUSIER

UNE MAISON
–UN PALALS

" A LA RECHERCHE D'UNE UNITÉ ARCHITECTURALE "

纪念我的父亲

＊＊

原著编者的话

1928 年，勒·柯布西耶写出了《一栋住宅，一座宫殿——建筑整体性研究》。他这是对 1926 年一次不光彩判决所进行的检举，他因日内瓦的万国宫①方案而成了那次不公正待遇的牺牲品。

出于义愤，他要为自己正在钻研的新建筑作一次声明，他称之为典型冲动。但 1928 年那年正值国际现代建筑协会（CIAM）第一次大会在萨拉兹②举行，它主要是要呼吁人们对某种建筑艺术的复兴引起广泛关注。

继 1926 年的《现代建筑年鉴》之后，科尼文斯（CONNIVENCES）出版社又出版了勒·柯布西耶的另一部重要著作；这部著作在第一次出版之后就不见了踪影，我们在此原封不动地予以再版。

---

① LE PALAIS DES NATIONS，即国际联盟总部。——译者注
② SARRAZ，瑞士小镇。——译者注

目　录

第一部分　主题

　　读者可以设想自己正坐在一间大会议厅里——苏黎世高等工业大学的大报告厅或马德里的官邸大厅。天黑了；屏幕上的影像迭出；它们总是在必要的时刻准确地呈现；演讲人逐一展开着主题。在苏黎世，他还在就一些简短注解做着即席解说。而到了马德里，他手里已经拿到了这本书，直接读出来就行了。想要通过朗读一部手写稿而做到让听众全神贯注是一件危险的事情；好的演讲都是即兴而为的。在巴塞罗那，演讲人得以再次即席发言，从而感觉到图像与讲话的同步性是那么需要用词的贴切和表意的准确。

　　借助本书的付梓，读者将会有如现场听众般对这次演讲感同身受。

　　一栋住宅，一座宫殿……

　　这个标题也可以写成：

　　《论建筑学的必然问世》。因为建筑学的出现是一件不容辩驳的重大事件，它是在这样一个创造性的时刻横空出世的，在这个过程中，我们那专注于保证建筑作品坚固性、满足人们舒适性要求的精神，在一种更高层次的意图中得到了升华，那是一种比简单地服务并试图抒发出满腔激情来得更加高尚的意图，它令我们兴奋，也令我们愉悦。

　　这里有一个不容争辩的事实——它进入、介入，并且宣示着它的存在——存在于低俗平庸的移动物体之间，这些移动物体的本性压根就与激昂的情绪无关。

今天，对我们来说，这种升华了的意图已经成为建筑学的某种定义。在过去，建筑学这个字眼很可能含有为我们司空见惯的住宅、庙宇或宫殿建造艺术之意。但，时至今日，当绝大部分人类活动开始致力于难以计数的物体建造工作时，建筑学则开始将其影响扩展到这一切领域，而且超出了住宅、庙宇和宫殿的范围之外，就像结晶现象一样四处涌出、外溢，总之，在其涌溢到的地方，建筑作品的问世都是由这种意图来一一阐明的，而且这种意图绝对不是简单地服务。

而真相确实如此，那就是，当得到升华的意图仅仅沦为一种时尚、一座简陋至极的精神之塔、一种失控的行为方式、一种抒发情感的表现、不再与曾经催生这种意图的恰当活力保有任何接触时，建筑学便"轰然倒塌"了。而这正是人类精神最为卑劣的一面：虚假、矫饰、浮夸。

这一"建筑学时刻""不再"是前机器时代垂死并散发保守盲目的"学院派"腐朽气息的那种增生物。建筑学是一个时代的精神产物：它迈进着、向前迈进着，遵循着天下公认的世间大道。

而此时此刻，这一规则的建筑学概念：打动，却不再被年轻人、被那些刚刚以及正在与学院派公然开战并同时向徒有"建筑学"头衔者开战的人所接受。他们厌恶了各种学派的谎言，满怀着不向世俗低头的纯真意图，这就是他们，否定一切，他们内心深处只有他们自我而美好的激情。

……就是一种"宣泄"，而对俗人们来说，那只不过是对物欲的满足。

而一面是作为蛊惑人心的库底货的木乃伊般陈腐古旧的宣泄、死尸般了无生气的宣泄、蜡像般人云亦云的宣泄。

而另一面，则是一种巨大的压抑：努力克制这种让我们骚动不已的兴奋；一种循规蹈矩：只需管好天经地义的问题；一种莫名的恐惧：可别相信什么仙女，她会把我们拖入池塘的水底[①]。

回答："好好服务"。好好服务，当然还要好好服务就在我们身上的上帝。

唤醒就在我们身上的上帝，那才是这个世界最真实也最深切的喜悦。

＊ ＊

[①] 典出希腊神话之"许拉斯与水泽仙女"（HYLAS AND THE NYMPHS）。——译者注

一栋住宅，一座宫殿……

说真的，都是同一种活动的产物；也是惟一的产品。

一栋住宅就是"用来服务的"；为什么而服务？遮蔽、御寒、防暑，还是别的什么？而且，不是还能满足每个人都有的高级需求（感觉上的，准确地说正是您在否认感觉！）嘛。

是什么样的原理引发了超然于平庸低俗之上的"享受"呢？是"和谐"。

可这个字眼怎么这么含糊呀！

然而现象却很简单：在精确的数量之间建立清晰的比例。

"比例"。一切都在我们计算之中，比例无处不在，而且正是那种认知各种比例的惟一能力在划分着人类的价值观。我们周围充斥着各种比例：自然界、人类建筑、事件、多重比例，数不胜数。有一种人，会在突然之间戛然止步，并且，指着一种比例，喊道："看哪！"这样的人是诗人。

得让比例定律变得更加有效，做到对这些比例所支配的各种要素数量一想就懂、一看就会。

那么这就是几何学的范畴了。

这就是几何学，它在显而易见的自然界各种混杂的场景中确立了富于明确性、表达性、精神结构性的美妙符号，也就是表现为数字的符号。

这就是几何学：一种人类的语言。

这就是几何学，是我们大脑规则的产物，而且是"必然的"产物，因为在做到与宇宙合拍之后，我们认识到这种宇宙节拍正是一种几何学的节拍：它的图形就是"字符"。

这才是几何学，真正的几何学呀！您大可以惊呼："这些枯燥而毫无朦胧暧昧之感的符号与诗歌可是截然相反的呀！"艾利·福尔[1]——一位抒情诗人——问我："为什么'桥梁'如此打动人心？"因为在自然界显而易见的杂乱无章或在人类居住的城市之中，一座桥梁就是一处几何学的领地，一处由数学有效掌控的领地。

我还要再发几句肺腑之言：因为在自然界显而易见的杂乱无章和人类居住城市实实在在的杂乱无章中，一座桥梁就是一处几何学的领地，而几何学就是一种明确的事物，毫无朦胧暧昧之感，而桥梁就是一种意志的行

---

[1] ELIE FAURE，1873–1937年，法国艺术史学家、评论作家。——译者注

为，而几何学的意志就是一种乐观主义的表示；胜利者思维清晰而富于几何性；失败者和意志消沉者则为几何学势不可挡的大爆发痛苦不堪。如此说来几何学不正是一种喜悦吗？

出于人类意图越来越专注于满足物质功能的行为，人类精神也同时远离了被绝对所统治的自高自大的境地，和谐也表现出了越来越复杂的形态；各种灵活多变的联系把它们越分越细，并使它们更富于人情味。建筑作品不再是一副木然直立眼前的、与您毫不相干的、高高在上的、巨大无比的，或者说粗暴激烈的样子——就像帕提农神庙似的；它变得亲切而迷人；当我们走近它时，它对我们欢迎有加；它不再发号施令，它变得俯首帖耳。

我曾写过这样的话：在摆脱实体的以及本性的束缚过程中，精神在其面前所能遥望到的一切，都越来越趋近于最为纯粹的几何学：这就是精神的最优化作品。那些就像我们肢体延伸部分的、那些本应服务于我们"感官"的一切，都在对规则的适应过程中具备了生态性。

于是这里就出现了如何决策的问题，它将决定建筑作品的仪表；此时此刻正是决定建筑作品走向这种或那种命运的关键时刻。

作为肢体的延伸部分，建筑作品开始俯就我们的日常需求；它已经彻底为我们所用了：就像一双鞋、一把椅子。那么，话说回来，如果普罗米修斯①从头来过，改由我们来创造可以称之为"活物"的生命和机体，只因为它们可以做出各种动作，那么，通过自我完善和物竞天择，我们也同样会达到生态性；因为建筑作品已经处在极其尖端的机械化环境之中了：诸如飞机、潜艇乃至飞艇。

我们的喜悦在这些鲜活生命"之间"扩散着，它们都是由我们亲手创造的，而且几乎是以我们的血肉创造的，我们可以用我们的手或眼睛来爱抚它们（飞机、跑车、轮船）——慈父般的爱——而这些精神层面的结晶体、亦即我们苦思冥想出来的、表达着我们智慧不偏不倚的意图以及行为的成果、有时还是不无神奇的成果，在最低限度的实施过程中、通过我们所做的一丝不苟的正确决定，迸发出了最大限度的幻想；我这里所说的幻想指的就是"思想"（满含庄重）。

可问题就在于不止是如此泾渭分明的两种解决办法。我们对所有我们

①　PROMETHEE，希腊神话之神，曾创造人类。——译者注

所接触到的一切都注入了激励着我们的激情，而实用物体本身却在一段时间内——在其用途尚未过时之前——成了我们的某种创造物，其中还记录着我们的骄傲、镶嵌着我们的钟情。我们的世界充满了这些动人的物体；诗人在这一时代看到的是数不胜数的激发其感觉的场所。的确，我们就像这个产品大家庭的父亲那样，有着阳光般的喜悦。

因此，当人类精神决心远离我们献给诸神的建筑作品所拥有的那种突然变得实用的或然性时，为了确保从中得到享受，人类精神便要求整件事情都要在它眼皮底下一五一十地展开，也就是要让"建筑学现出真身"。瞧，这个字眼就这么出现了！它还要求"游戏规则"必须做到让它清晰明辨，我想说的是，大家想要弄明白，这些令我们激动不已的事物究竟是基于什么东西、"通过哪条途径"就这么完成了其自身意义上的升华。

而正是超然肉体的突发感觉之外，这一备受关注的事物才在我们中间引发了让我们不期而遇的"对建筑作品的解读"，这实际上就是建筑学这个字眼所要表达的意思。

我们那种令人痴迷的、丰富得没有边际的意图变得清晰起来。而在凝望者的精神世界中，创造性的事件也开始一个阶段接一个阶段地恢复起来。于是，仰慕便有了仰慕的基础。

这样一来，可以说，我们只扇了一下翅膀，就远离了坐浴器和中央空调，远离了"居住的机器"。

但，对不起！其实正相反，我们恰恰就位于"居住的机器"的心脏部位，前提是我们还相信人都有一颗心脏和一颗头颅，而且他还是为了干事才"居住"的。

＊　＊

只因住宅就是我们的宿舍；它就是涉及我们灵与肉的一个物体，因为置身其中时，我们只能承受它的约束。（就像置身阿尔卑斯山谷时，我们要承受山峰的高不可攀；置身海滨沙滩时，我们要承受大海的无边无际。）

正是出于这一原因，居住问题到今天还在使从此对始自祖辈的约束具备了耐受力的新一代社会人激动不已，而且他们还在贪婪地找寻一种新的规则，能够平衡那种推动着他们的新的压力。

＊　＊

这就是我们自然界当中最基本的东西：

"布置"：排列、安置、整理。

"上帝把宇宙间的一切都布置好了。"字典用这些危言耸听的大词告诉我们。

"发布"，来自某一最高权威的举动。

而出自我们自作主张的权威的只是"规则"。

突然出自我们的放任自流中的则是不规则、富于侵略性与破坏性的不规则；意志丧失之处，它就会驻足其中并且大肆毁坏。

这个正方形就是行动的证明；它拥有一种精神上的威力。它可以用作一栋住宅的平面图。

这个不规则的多边形就是一次失控的事件。如果说那一幅可以是我们的住宅平面图，那么这一幅就肯定是不规则的：今后在这里发生的一切——建筑行为、在其墙壁包围下的居住行为、对偶发事件的经管行为——都将是不规则的。再说，这也正是我们城市的日常形象啊，这就是不用心的可怕结局，也是经济学与建筑学上的灾害。这样的不规则蔓延到了整座城市，而我们却予以接受了，并且，出于习惯，我们还看惯了七扭八歪；我们接受了一种复杂化的传统。这种复杂化事实上就是"随心所欲"。我们甘愿活在复杂化中。我们渐渐染上了一种病态的时尚：那是一种喜好复杂化的时尚、一种喜好复杂化的追求。就算是在空旷的原野上，如果我们想要建起个住所，我们也会把它设计成随心所欲的样子。而这第三幅图画，表现的就是典型的"杂乱"，它让我们知道了"为什么一栋住宅再也成不了一座宫殿。"

plan
normal
libre

自由自在的规
则平面图

et cette tradition
sévit en
rase campagne

而且这种传统在空旷的原
野上正在到处肆虐

不规则的平面图（城市中的）

plan anormal
(urbain)

il s'est forgé
une tradition
du compliqué,
un art du
compliqué

复杂化的传统已经铸就，
成了一种复杂化的艺术

在一种主权精神引导下，城市开始了自我布置。

在最初的拥挤所导致的杂乱无章后，所有城市都开始了自我布置：好歹先挤在一起，就像一个小队的兄弟挤在营地的篝火旁一样。今天，我们开始治理城市了，想要把它管好、通过秩序建立守法的环境：我们开始布置了。

市中心的杂乱无章被扼杀了，它停止了蔓延，但它日后还会留存并贻害很长时间。

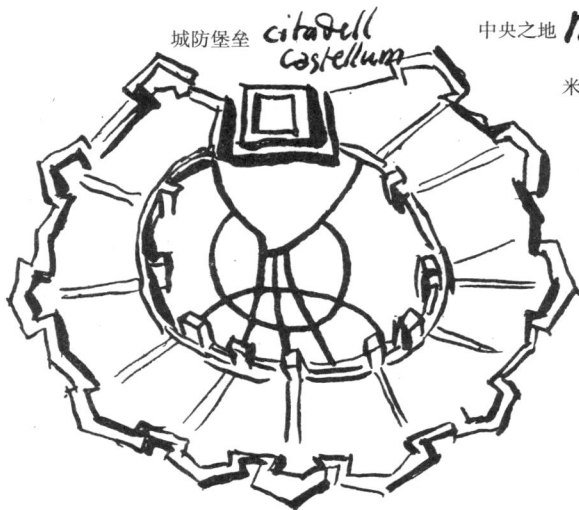

城防堡垒 citadell castellum

中央之地 Mediolanum
米兰 MILAN
d'après mathieu merian

根据马蒂厄·梅里安①作品绘制

米兰 Milan.

DAMME 达梅②

le summum de la geometrie militaire Et les maisons s'arrangent comme elles peuvent

至臻至善的军事几何学。
而且住宅安排得井井有条

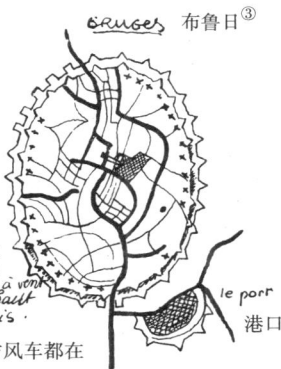

BRUGES 布鲁日③

tous les moulins à vent sur le haut des glacis.

le port 港口

所有磨坊风车都在
四周的缓坡高处

① MATHIEU MERIAN，1593-1650年，瑞士雕刻家，擅长风景与地势雕刻。——译者注
② DAMME，比利时东北部小镇。——译者注
③ BRUGES，比利时西北部城市。——译者注

在杂七杂八的地势中，中国人建起了他们的住宅，干净、明澈、简洁：堪称规则的建筑事件。

罗马，以铁一般的强力，无情地布置了一切。

而就在印度的各大庙宇中，整个建筑学的所有特点全部表露无遗：秩序、等级。威力、柔韧和精巧。还有细腻。

乍看之下的第一感觉之后，各种意图便喷涌而出。

如果说人类精神喜欢去区分、去解读意图，去理解呈现在它面前的种种行为，那么，最后没有什么比"蠢办法"更令其心灰意冷了。艺术就是细腻；细腻就是无止境的体会。而最终，如果人类精神自认饱满充实，它就会突然之间在它长久以来所凝望的建筑作品中看出许多新的意图。而与四周地势融为一体的伟大建筑作品从来都不会盖棺定论。因为光阴荏苒、季节变迁，而年轻人是看不到老年人所能看到的事物的，而且老年人内心深处对投其所好事物的感受也与年轻人完全不同。

* *

北京郊区的居所

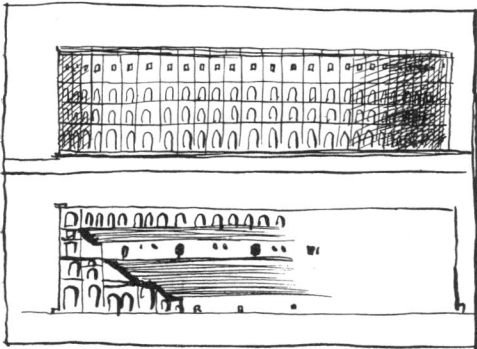

竞技场

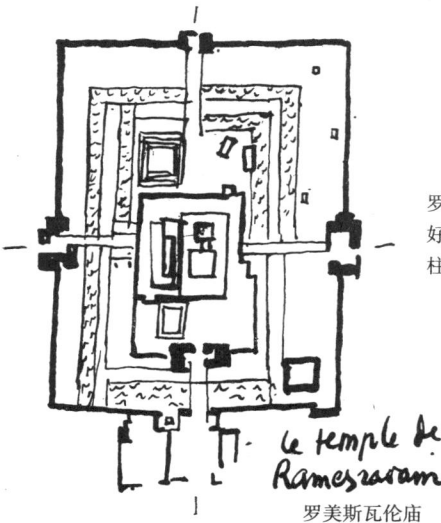

罗美斯瓦伦庙[①]——
好几处围墙、通道、
柱廊、圣水池

le temple de Rameszaram

罗美斯瓦伦庙

---

① LE TEMPLE DE RAMESWARAM，位于印度与斯里兰卡之间的同名小岛上，为印度四个最神圣的朝圣中心之一。——译者注

待在这里能干什么？我们本就出生于大自然之中。

大自然与我们的创举对峙着、对立着，更准确地说是对这些创举无动于衷，并将其全部吸纳到它自己的各种事件当中，其实也就是吸收到狂风、暴雨、酷热的沙漠、黑夜与白昼、盛夏与寒冬之中，它无情地摧毁着我们的劳动，每时、每日、每一分钟；将其尽数消于无形。贪婪得绝无休止、绝不停息；对任何人都绝无半点优待。

我们奋起反而抗之，为了摆脱它的束缚，并试图阻而挡之、还尝试统而治之。如果说它就是世界，那么我们由始以来就一直想要建立我们自己的世界。而且对我们的世界捍而卫之：这就是我们习以为常的艰苦劳作。

然而我们就是大地之子，而且我们也称它为"大地母亲"。

而且我们热爱着它，以我们来自它的血肉和我们只能生于其中的精神，可这精神却局限于重得压人且不可能有尽头的各项使命，那就是从中摸索出将其征服的原理、从中找寻出我尊自然卑的理由，并试着从中设想出让我们心安理得的原则。这都是多么感人的时刻啊。

所有我们能知道、做到和看到的，也就是所有我们能感到的，只不过是它巍然伟力的一种作用而已。考虑到其表面的混沌及其未来所有通向穷途的出路，我们从中摸索出了一套秩序和一种方向；为了存活，我们接受了它的秩序以及决定我们自己命运的秩序，以不致灭亡。

几何学是我们惟一会讲的语言，我们在大自然中已经将其发掘殆尽，因为外在的都是混沌；秩序全都是精神上的，而且是一种无情的秩序。

它的规律；我们业已识别出若干种，并用其创建了几何学、也就是我们的实用语言。

自其降生伊始，人类就只能在几何学的基础上有所作为，而且他如此清晰地预感到，我们可以接受由几何学来决定我们的一切。我们的意志、我们创造性的威力只能是几何学。

我们创造性的威力。借助这种绝妙语言的所有词汇，我们升华了对我们来说最为神圣的东西：美感。

就这样，我们表达出了高贵、雄伟、壮丽：出自我们精神的人性化概念。

德尔斐[①]

---

　①　DELPHES，以阿波罗神庙著称的古希腊城市。——译者注

雄踞于海湾与山谷之上，德尔斐的这三座石台基作为粗放而单纯的证明，诉说着昔日的尊贵。

因此，庙宇与宫殿正是基于几何学才得以拔地而起的：而意志的见证也正是体现在它们身上：那就是威力。祭司们与僭主们①行使着他们的强权，在几何学的基础上建立了建筑学。

所谓几何学：就是明晰的精神与各种组合无止境的神秘性。

但是衰落征象已现：过于夸张的布局使体量松散，紧凑的关系被破坏。分寸不再。德尔斐令人忆起昔日尊贵的三座石台基，被埋进了装饰与毫无节制的花哨之中。

"尺度崩溃"了。

尺度这个字眼包含了所有至尊与高贵的事物。

尺度就是精神本身所带有的符号。

_____

① TYRANS，指古希腊未经合法政治程序取得统治权的人。——译者注

德尔斐

雅典

PONS FABRICIVS

法布里修桥[1]

罗马台伯岛[2]

---

① ILE TIBERE，位于流经罗马城的台伯河上。——译者注
② PONS FABRICIUS，罗马最古老的一座桥梁，始建于公元前 62 年。——译者注

少年得志者总是放荡不羁，他们只想达到目的，却没有经历过漫长的奋斗历程，他们就是这样没有廉耻地重复着没有任何动机的行径，像一群失去生命之源的行尸走肉。（美国人还在困境中挣扎，不懂得"这种地方"该是什么样，也从来没有过这样的经历；眼见着他们被欧洲古老文化弄晕了头。类似这样的方案就叫做毫无尺度可言。）

这幅照片说明当事人去过凡尔赛但是没有懂……

* *
*

美国的城市规划

百阶之梯

　　远虑虽去，近忧却开始困扰我们这些生活在古老欧洲的人。"机器"把我们猛抛出去，以一种迅如闪电的节拍，将我们抛进了有史以来最为猛烈的几何学事件当中。

　　在其重压之下呻吟许久后，我们终于重新站起来了；我们已经明白，我们正在进入一个新的时期，而且历史也将书写出崭新的一页。一种强烈的激动感染着我们；直到昨天还不可想像的一种纯净、一种严密、一种精确严厉地矫正了我们的不当行为，在我们眼前展开了一幅纯净、严密、准确的场景，我们还真没接受过这样的历练。我们的意志被从一个结果到另一个结果运行的事件所左右着。主要是由于世界大战之后，对于善察者而言，场面已经被完全打乱。对于善感者而言，关系到生命的主线也被打乱了。对于善赏者而言，所有桥梁都被割断了与过去的联系。

　　当此机器时代来临之际，人们的意识联合起来试图群起而攻之（拉斯金①式的运动）。而这就形成了一种令人窒息的悖论。

　　第一次世界大战之后，当新生一代终于理解了机器问世的事件是怎么一回事时，一种对明天的预见给心灵们带来了启迪：方向已经探明，事件的结果驱使我们奔向那里。我早就这样说过：一种强烈的激动感染着我们。而用不了十年，这种一触即发的义无反顾就将宣告一种精神潮流的到来："构成主义"，一个专为最不乐观者发明的字眼。

　　这就是令人愉快的机器问世事件：这也是一代又一代届龄和"过龄"的年轻人令人愉快的认同。

　　也算是一种喜出望外、一种饕餮般的胃口和蛇吃食般的生吞活剥；一种时尚就此尘埃落定：构成主义。这个模糊的字义是从哪儿开始、又是到哪儿结束的呢？之所以说它模糊是因为它几乎无所不包。而它却既不能限定美学，也不能限定某一范畴的人类生产。说真的，这就是一个隶属于历史心理学范畴的字眼，就是一个生成的字眼：它的意思就是乐观主义。

---

　　①　RUSKIN，1819-1900年，英国作家、艺术家、艺术评论家，主张艺术应源于劳动人民。——译者注

　　场景是全新的场景。那么建筑作品是否就是一群过客呢？没有什么测量工具能够鉴赏当代建筑作品；也没有什么秘诀能够提示建筑作品的持久性。况且生活中本就没有任何秘诀。一切都是关系。而且我们身上还有一种声调，也就是一组和声。它与对应的建筑作品一起共振。所有这些建筑作品全都形成了一致并且实行了有序的分门别类。何时完成的、如何完成的、即刻完成的、后来完成的？没有法定期限。建筑作品总有一天会分出门类。

* *
*

古布萨克镇^①高架桥^②（位于吉伦特省）

塞哥维亚^③（古罗马时期）

加尔省^④的高架渡槽

马赛的活动吊车渡桥

---

① CUBSAC，法国西南部小镇。——译者注
② GIRONDE，法国西南部省份，古布萨克镇即位于此省。——译者注
③ SEGOVIE，西班牙中部城市。——译者注
④ GARD，法国南部省份。——译者注

　　真理不言自明①眼睛只会打量它所看到的事物。它看不到混沌，或者说在一片杂乱之中，它看不清混沌。于是，它毫不迟疑地看向了所有具有表象的事物。倏忽之间，我们愕然停下，打量着、欣赏着：一种几何现象在我们眼皮底下展现开来：巨柱般耸立的礁石、真切的海平线、蜿蜒回转的海滩。而且通过各种关系的魔力，我们当即置身于亦真亦幻的梦想之乡中了。

────────────

　　① La Palisso，是法国的一首乡村歌曲，对 La Palisse 将军一生的讲述过于直白，以至于后人用这首歌来形容事情的不言自明，有点像秃子头上的苍蝇——明摆着。——译者注

布列塔尼^①

阿尔卑斯山

---

① 法国西海岸半岛。——译者注

即便是在斯坦堡①的这些居住区，火灾第二天，在还冒着烟的废墟中，贫民们的住宅依然像纪念碑似的矗立其间。

因而，为了保证未来住宅给我们的作息带来的必不可少的明确性，我们把住宅的围墙画成了"正方形"。

万事俱备。

这就是我们的境遇。

春日漫步
——你要是听话……咱们就可以在花园里兜上一圈

每当旅途中的幸福时刻来临之际，就是绝美风景齐聚眼前之时，一次次感染我们的心灵与精神。在一场感人的大合唱中，明确的"自然"行为与因明确而严谨的"人类"行为一起歌颂着同样的定律。人类将大自然的威力与阻力全部结合到了自己的劳动之中，从而在与自然界完美的和谐相处中完成了他自己的创造。

对这种和谐的觉察造就了生命中难以用语言表达的美好时分。

这样的喜悦难道不更是一笔巨大的财富吗？

* *
*

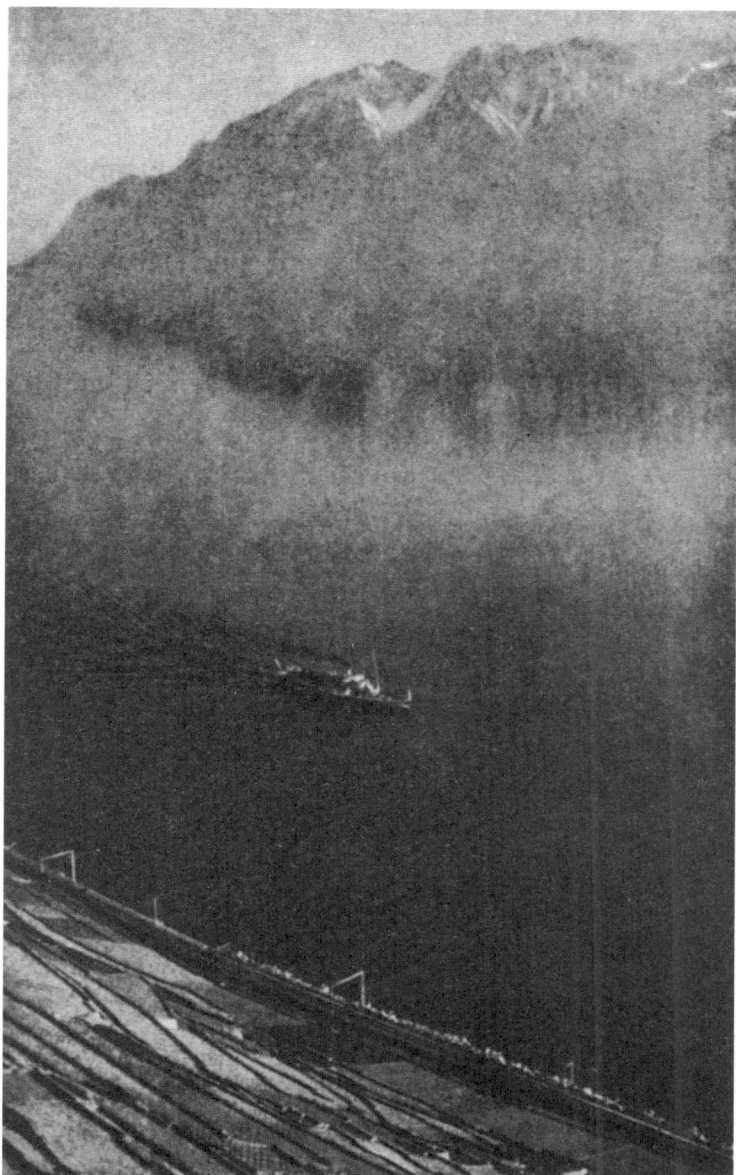

　　有关工具设备的进步史和有关精神建筑学（建筑、整理、建立秩序）的文化史这两者都是对这种和谐最为痴情的苦苦寻觅。

　　一种工具只能在和谐凌驾于其各种手段之上时才算有效、才能运转。这些手段，曾经一直局限于各种初级而个别的功能，如今全都凑到了一起并形成了一种"有机体"。凡是能存活的都是有机的。

　　正是经过这种满足理性要求的"合理"而必需的整理，才有可能产生可以被我们称之为多余的感动，前提是我们缺少引发我们行为并引导我们命运的某种激情，而满足这种激情与满足我们的动物性需求——渴与饿，同样都是绝对必要的。

　　我这样说过：建筑作品的动人时刻正是以整理的方式（"建筑学"的意义所在）记录下来的，而这同样也是一种整理，是一种必然的使命，我们每一个人都要在生命的进程中去完成这种使命，这一使命中寄托着我们至纯的、而且"不掺一丝假"的追求。掺在装饰品中的干草（也就是我们可以从别人那里拿来或者偷来的东西）：也就是它们所形成的整块、整体、整个结构，构成了赤裸裸的、直截了当的我们，毫无遮掩。这就叫创造；也就是创作的现象，而我们每一个人都有份。

　　这种创作现象，总是根据所有个体、群体的不同状态——用一个文一点的字眼——摇摆于各种复杂的、为好读书不好读书①的青春时代羞愧不已的心态与巅峰时刻的耀眼光芒之间，摇摆于受一时无力、亦即某一阶段的痛苦所百般折磨的各种雏形，以及得心应手完成的水晶般晶莹的作品之间。

---

　　① 此处，"好读书不好读书"是借用明代文学家徐文长的对联，第一个"好"读三声，第二个"好"读四声，意思是年轻时容易读书却不喜好读书。在此与原文意思很相符，故借用过来。——译者注

鲁昂[①]

---

① ROUEN，法国西北部城市。——译者注

当此极为荣耀的法国文艺复兴时分，我看到，欣喜若狂的热情感染着这些人们，他们在由让·古荣①出版的维特鲁威②著作问世时曾饱受火焰式建筑风格自相矛盾结果的压制。摆在他们眼前的这幅归类为"多立克柱式"的素描图重又建立了学院派的正统。终于还是悬崖勒马！因为我们深陷困境，因为我们进入了暗夜！可是突然之间，前途一片光明了！多么令人兴高采烈！这幅图画充斥着一种解放；它为我们带来了拯救、复兴，复兴啊！我们的精神感到了一片光明。

然而这仍然是迷茫之中的一条漫漫征途，但喜极而颤的法国文艺复兴还是很让人喜悦的。

对我们这些因具备考古常识而更上层楼的人来说，维特鲁威的这幅素描画让我们想到了帕提农神庙。而到今天，帕提农这个相当于重整旗鼓符号的名称终于迸发出了一种与其过去当量相等但却更趋光明的威力；也就是说：那是一种合法的、充实的及强大的威力，一种纯粹而完整的威力。

就相当于几何学一种有力、严格、尖锐、精确的行为，而几何学就像第欧根尼③一样赤条条来去无牵挂，但同时也像他一样机智、雄辩、敏锐。

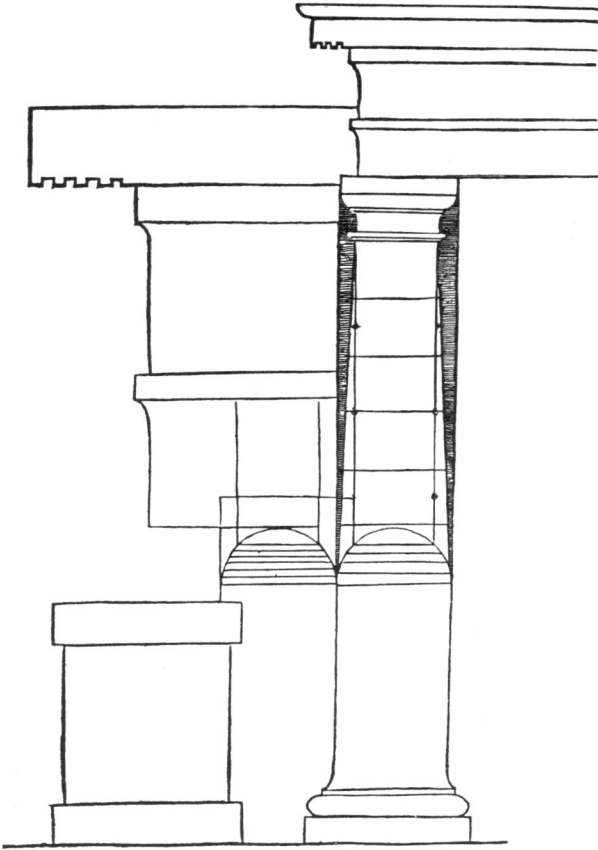

让我们来说说辩才。有道高人、机智、敏锐的有道高人，把本性如铁的几何学锻造成了钢，从而改变了它的形状。在这块边缘齐整、质地坚硬的钢材里面，流动着的却是十分"感性"的东西。有道高人以其机智和敏锐改变着几何学的形状，把赤裸如第欧根尼的几何学打造得更加感性，从而让它变得更加"雄辩"。这东西还会变得更加"感性"。如果这个字眼冒犯了年轻晚辈们那也只能拉倒了。说到底，真实的喜悦只存在于"做事的质量"之中，而正是基于这种真实，历史才能不断地周而复始。

做事质量，就是精细、细腻。舍此没有其他生存之道。在急如风火的普及过程中，一切都可能荒唐地变成"体系"。体系只能在事后出现；它们不可能被预先设定。体系都是由小学生们找出来的。真正的大师永远都在摆脱体系。窥一斑而见全豹。我们常常以此为乐，在此起彼伏的各种叫声中，庆幸能听出豹子的怒吼。只有一种情况才能让我们引以为乐、也就是才能让我们激动得心跳，那就是当我们通过无止境的众里寻她的无止境艰辛，认出了一个人、一位兄长、一位老师的时候，——那是一种心境、一种自在、一种精神。

＊ ＊

这种或大或小的实用功能以及存在于或大或小的潜在情感之间的联络——两种陌生意图的结合——表现的是作用于不同物体之中的一种协调准则；我们称之为"有机体"。而运行于宇宙中的一切，在我们看来都是"有机的"。我们将这样的称呼理解为对活着的以及可存活事物的表示，而且，将这一称呼应用于人类作品中时，我们还赋予其某种赞许的意味。

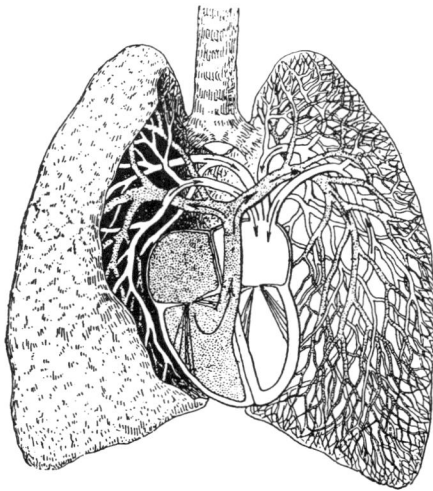

　　约有为数 1000 或 10 万的有机体可以截获到我们的感觉，因为这些有机体比其他有机体表现出了更大的纯粹性；它们是可感知的、可明辨的；它们能让我们放心。

　　我总是省悟到这样一点：我们都想抓住意图。而在我们创造的整个有机体中，这种意图则是在我们的建设能力与来自自然界、来自事或人阻力的内在反应之间运作的。而机器时代我们人类的发展趋势就是能够再做到"感觉"，因为我们已经做到理解了。

　　这种基于理解的"感觉"能力极有可能就是创造者们的神奇工具；而能够为向前跳跃作支撑的只能是跳板。整个创造活动都是由此才"得到论证"的，由此它才具有根基，由此它才具有某种传统。创造是一种推理的游戏。

瓦赞飞机与汽车
制造公司产品

您所看到的这幅平面图和这幅剖面图并不是某个埃及寺庙的景象，也不是某个罗马人住宅的景象。

这仅仅是一张钢筋混凝土结构的酒窖的图。为平衡各种抗力（液体的流逝、重量、使用所必需的各类管道系统）而做的努力，钢筋混凝土结构（柱子、肋、楼板等等）的特殊性能共同造就了一种特别有生命力的结构形式。这种形式唤醒了我们建筑的快乐。

难道我们进入的就是这样的建筑学：住宅、宫殿或者寺庙吗？要我说：我们之所以进入建筑学是因为在其基础之上我们读懂了某种有机体。

文艺复兴的诗歌如此吟道：

> 天气脱下了大衣
> 那就是风、冷和雨
> 又换上了多彩的绣衣
> "那就是微笑的太阳，明媚又美丽"。

"美丽"更为"微笑"和"明媚"锦上添了花。
"微笑"则隐含着成竹在胸的安全与从容。
而成竹在胸则体现在明媚之中：

> 微笑、明媚又美丽。

* *

人类的住宅，历经沧桑、风雨变迁，依然保持着某种单纯的构造，单纯得总是表现出某种标准化特征，而且这种从陋室到宫殿无处不在的标准化在某一时期的潮流中又是那么独一无二，都是基于同样深刻、理性或感性的原因。

19世纪和20世纪接二连三、数不胜数、来势迅猛甚至迅雷不及掩耳的各种发明搅扰着我们的理智和感觉，并带给我们一份南辕北辙的统计表，其中活人与死人、僵化的公式与草率得无以复加的观点被胡乱地混杂在一起，打乱了我们的社会基础，在这样一种不和谐的时代，肯定住宅标准化的手法还是值得一试的。我们已经有了某种把握，这把握就来自对现状的清醒认识和对过去的潜心研究：新的时代已经来临，带来了新的社会和新的人类。过去的一切都不可能"再生"了。所谓建设，就是向前看而不是向后看。如果说，我们已经看清了引领我们前行的行动方向，那么，我们

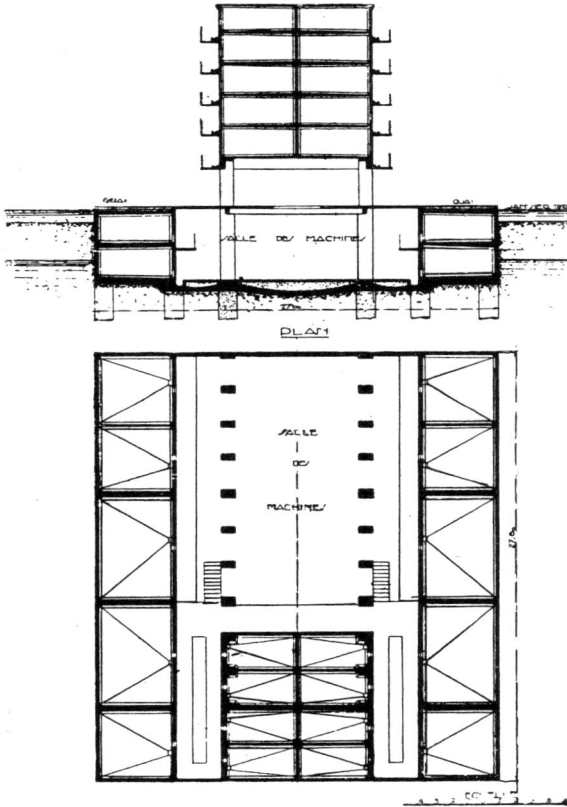

桑拉普特与布里斯公司①

---

① SAINRAPT ET BRICE，创建于 19 世纪的法国建筑与公共工程企业。——译者注

还完全不清楚它会把我们带到何等莫名其妙的结局。

让我们与历经沧桑的住宅一起走进建筑学的领域。

这就是最简单的住宅：

正是在这里人类被定了性：几何学的创造者；没有几何学他就会不知所措。因为他是精确的。

没有一根木料不受力、不改变形状的，也没有一个连接点是不带有特定功能的。

人类也是节约的。

标准化住宅就是一种最大的节约。

在几何学当中，布局极大地带来了尊贵感和美感。

谁敢说这样的茅屋不会在以后的某一天成为献给上帝的罗马万神庙呢？

这就是最黑暗、最苦恼时期的人类：自然界在围剿他。

他的住宅建得垂直而笔直。其结构当中的每一个部件都表现出建筑学的威力。有一天，当然是很久以后了，凝望着这个粗陋的居住工具，他的精神将会收到多份令人欣喜的邀约：诗兴激荡着他，他要构思出一部主题交响诗；突然之举被精神化，陋室则成了已升华意图的物质化体现，而且，就在卫城之上，女神之殿即将拔地而起。

人类超越了实用层面上的意图，为的是尝试在依然黯淡的意识混乱中去思考凌驾于他之上的种种事件，结果就是用巨大的石块砌体建起了围墙，用来举行狂热的宗教仪式。他摆好了祭台、供品桌。而这样的摆法完全是按某种观念来布置的。到今天，我们自己还在被这些依然起作用的关系弄得一头雾水；尽管我们早已置身伟大的建筑学领域之中了。

在凯尔特地区①的卡纳克②镇上，石棚和巨石柱至今可见，而且以其巨大的体量见证着建筑学与生俱来的能量。建筑，就是建立秩序；如此，建筑学便历经千年不衰把思想秩序传承了下来。

---

① PAYS CELTE，凯尔特系公元前 2000 年活跃在中欧地区的民族统称，凯尔特地区指现在的苏格兰、爱尔兰、马恩岛（ILE DE MAN，位于英格兰与爱尔兰之间，系英国皇家属地）、威尔士、康沃尔郡（CORNOUAILLES，英国大不列颠岛西南端半岛）、布列塔尼地区（BRETAGNE，法国本部偏北的半岛）。——译者注

② CARNAC，法国西海岸小镇。——译者注

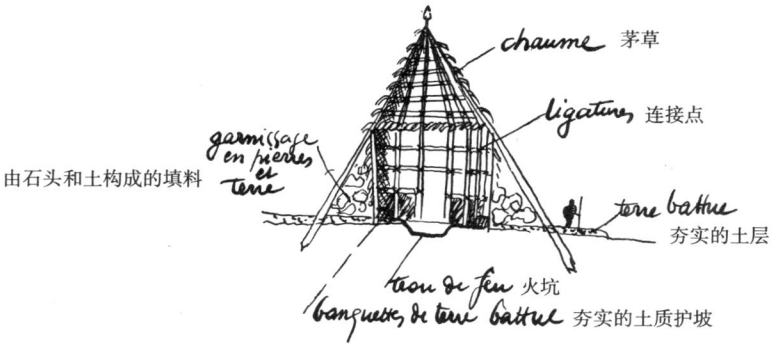

chaume 茅草

ligatures 连接点

garnissage en pierres et terre — 由石头和土构成的填料

terre battue 夯实的土层

trou de feu 火坑

banquettes de terre battue 夯实的土质护坡

爱尔兰的克拉诺日① （世界博物馆）

Huttes des Crannoges d'Irlande (musée Mondial)

le gigantera de l'île Gozzo phénico-cypriote âge du bronze en blocs considérables

青铜时代以大石块建在戈佐岛②上的腓尼基—塞浦路斯风格的巨石

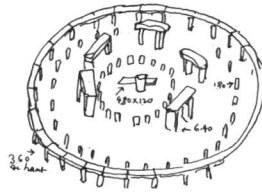

Stonehenge Salisbury druidique

索尔兹伯里③的德鲁伊教④巨石阵

---

① CRANNOGE，苏格兰和爱尔兰地区用于居住的自然或人工小岛。——译者注
② ILE GOZO，位于马耳他。——译者注
③ SALISBURY，英国中世纪古城。——译者注
④ DRUIDE，凯尔特地区宣扬灵魂不灭的宗教。——译者注

不管是山民在阿尔卑斯山上盖的房，

还是这里看到的原住民们用来做许愿弥撒的小围场，
证据随处可见，都能证明这种有意布局的基本功能。
而我还要重申：在这种布局性产品中，建筑学完全地显示出了它的整
个威力，其枝叶稀疏却茁壮的幼芽，在几个世纪以后便长出了礼堂、前厅、
客厅、圆柱、山花、穹顶。
建筑学就在其中。
这里才是建筑学的所在地。
根本不在老古董们用来毒害最近几代年轻人的教科书里。

La hutte votive primitive.

原住民的许愿茅屋

从最为远古的时代起，
布局的概念就已经不可
避免地存在于人类精神
之中了

Dès les temps les
plus reculés,
l'ordonnance se
présente infailli-
blement à l'esprit

　　看看这些美索不达米亚农民的原始住所吧。这些简陋的木头和柴泥住宅揭示了巴比伦和尼尼微①盛极一时的辉煌荣耀；把我们的记忆带回了过去；我们在雅典卫城伊瑞克提翁神庙女像柱坛上的这朵亚细亚之花中仿佛又看到了那些好战而贪婪的国王们，正是他们用战争机器和由奴隶与囚犯组成的军队，经由小亚细亚把他们带在大队人马后面的艺术家们掳到了这里。

---

　　①　NINIVE，古代亚述帝国重镇。——译者注

黑海海滨农民的住房（横剖面）

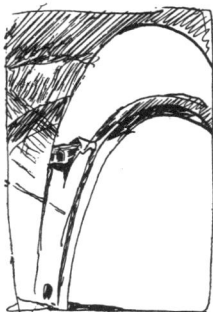

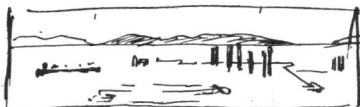

纳科什－鲁斯特姆（Nakhche–Roustem）大墓地

4

　　不过，跨越了 20 个世纪之后，就在欧洲大陆的另一端，在布列塔尼的一座农场院内，我们记录到了同样的经历。这里也存在着同样的建筑"宝库"。

　　我说的是："宝库"。所谓宝库，其实就是建筑学的一笔财富、一股威力、一种潜力；所有元素齐备，任由取用，无论是抒情诗般的发明创造，还是富于创造性的艺术想像力，均可以把这些元素加工、耕耘、绽放、闪烁成为一件辉煌的作品，成为某种杰出思想圆润而坚实的果实。但仍需要我们的精神在某一天能够懂得并感受到那些可以任其支配的种种威力。但在这里、在布列塔尼，情况还不是这样。

　　一件新近完成的美丽作品、勒兰西[①]教堂的大殿把这个经验发扬光大了。奥古斯特·佩雷[②]，一位企业家，在卡萨布兰卡用钢筋混凝土建起了码头，有宽敞的室内空间，还有堆放商品的库房。竞争接踵而至；转眼他便开始面临最为严酷的经济环境；钢筋混凝土为他带来了修长的支柱以及"鸡蛋壳"般比半圆更偏平坦的穹顶，就像轻微弯曲的铁皮；不同于用巨大的横梁承托水平楼板的结构形式，一片 7cm 厚的薄壳将水平推力传递到屋顶四周的混凝土环箍上。建筑师奥古斯特·佩雷在其卡萨布兰卡建筑宝库的基础上仅用短短数年便又建起了勒兰西教堂的大殿。原理一成未变，但超越实际目标打造精品的强烈意图驱使他更加仔细地审视起各种元素的比例：商品仓库到这儿又变成了一座祈祷仓库，充满了平静与欢快的情感。不需要任何源于传统的所谓"宗教性"饰品。身为建筑师，动用一下他的宝库足矣。

---

① LE RAINCY，位于巴黎东部的一个县城。——译者注

② AUGUSTE PERRET，1874–1954 年，率先使用混凝土的法国建筑师。——译者注

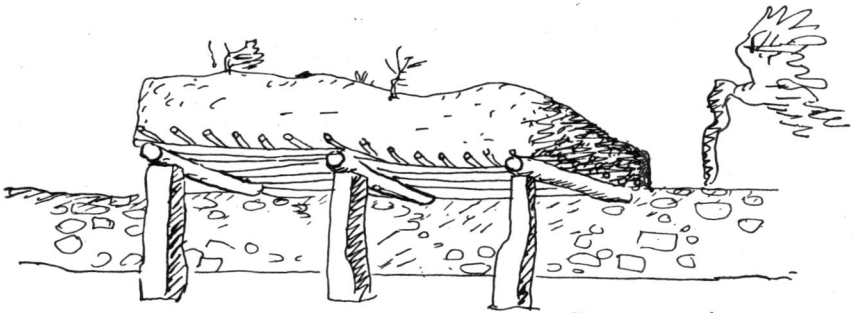

Ferme près le
Calvaire De
Trégastel-Bourg

位于特雷加斯泰尔镇①卡尔维恩
（CALVAINE）村庄附近的农场

---

① TREGASTEL-BOURG，位于法国西北海岸地区。——译者注

　　因此，在阿卡雄盆地①，即原希腊殖民地，当地那种迷人的小屋，而且是那么纯美的、好似对古希腊形成呼应的迷人小屋，最终却变成了教堂——出于某种意图的惟一一次显灵、出于其墙体棱柱间生动关系的惟一一次显灵，人类的住宅变成了上帝的住宅。

　　由几何学表现的、植根于催生标准、需求与手段的各种深层原因（标准化）之中的建筑学行为，终于从无意而为升华到了有意而为的更高境界。

　　而且手段也变了，在科学发现的压力之下，一种新的复合体即将诞生，并将一点一点地势成它自己的姿态、达到标准化的纯净美。在布列塔尼的腹地，有一天，来了个会用钢筋混凝土的意大利泥瓦匠。于是，在海边一个习惯和传统还停留在克伦威尔②时代的村落里，一种新手法就此出现，一件新物体就此落成，不仅效率大大提高，而且更加结实耐用，不啻一次强烈革命，其所蕴含的潜力同样堪比建筑学上的重大事件。

　　建筑学就是一株根扎得很深的植物。来不得一点反复无常；只有意外事件的表象让我们误以为其反复无常。我们总是忙于各种琐事，因此很健忘；当一件新兴事件出现时，我们总愿意相信那是出乎意料的、是不合时宜的、是偶然的、是与当今时代格格不入的。在建筑学领域，没有什么出乎意料的事，只有旷日持久、细致入微的条件积累：标准化的建立正是基于建筑学长期积累的多种深刻原因；我们需要对此详加观察。而正是借助这些标准化，我们才得以造就我们那些宫殿般的住宅。

---

　①　LE BASSIN D'ARCACHON，位于法国西南海滨。——译者注
　②　CROMWELL，1599–1658年，英格兰政治家，在英国建立了共和国。——译者注

奥占方①的素描

---

①　OZENFANT，1886–1966 年，法国画家。——译者注

　　让我们睁大眼睛走进当今乡村生活中最简单的日常用品中，透过表面的矛盾，我们走进的将依然并将永远是那个宫殿式的住宅、那种精神与心灵的综合产品，在步入机械化时代的轰鸣声之前，它还在延续着建筑学永恒的行为。

　　一次大战后，在步入机械化时代这一对我们形成巨大困扰的大门之前，建筑学的永恒行为始终低调地并按正常情况下最简单的方式发展着。只因铁路最终止步于松林覆盖下的荒沙之外。这片狭长的半岛孤悬世外，就是因为铁路修不进来；它的一侧饱受大洋暴怒而席卷一切的冲击：大风刮走了一切，连沙丘也变成了沙漠。另一侧则尽享温柔潮汐的款款爱抚，海水沿着一条狭长的走廊涌入了内陆盆地。孤孤单单、与世隔绝。这片土地本来就有些说不准：它只属于一个人，一个很大的大地主，渔民们不过是被他收留的过客。他们是不能在这片不属于他们的土地上用石头建造什么像样房子的。他们只是抱着"住着看"的念头来此生活的。这种去留未定的状况将他们推进了住宅建造者的标准化境地；他们只是最简单、最本分地给自己盖一个"住宿之地"、一处"容身之所"，仅此而已。他们只是纯粹意义上的照章办事，对历史、对文化、对时代风格都丝毫没怀有什么自负感；他们只是日复一日地用从附近找到的寒酸材料建起了一个住宿之地、一处容身之所。他们凭的全是双手，没有什么专业常识；邻人过来提些建议，这些建议便成了他们最新获得的经验。凭着自己的双手，他们就是这样，对最细微的行为也要全神贯注，对最微小的付出也要省之又省，对所有的方便善巧都极其上心，希望用最少的成本获得最大的收益。他们所处的实在是人类无时无处不在面对的标准化处境，不停地做着决定、不停地付诸实施、不停地思考着下一步。他们对自己所做的一切都关注有加。决定将什么东西放在什么位置之前，他们会围着那地方转个不停，就像房间里的猫满屋转着找卧处；他们反反复复地掂量着、下意识地盘算着，终于找好了平衡点、找准了重心的位置。在一种和谐的节奏中，他们凭直觉提出方案、再凭理智予以论证。而且他们还会萌发出些许很合情合理、很情有可原、很自然而然的诗兴，完全人情味的诗兴，啊，满是人情味啊！这种诗兴简单至极，完全是有感而发，发出之前完全不用先高呼一声各位小心了。我们的一举一动无不富于诗兴，因为诗兴完全就在我们身上，我们就是诗兴的导体。谁说渔民就当不了诗人？尽管是乡野村夫一个。

都是先从"客厅"盖起。先得从松林里砍回松树。太阳很毒：所以还得在住宅的"眼睛"①上做个遮阳板。还挖了口井，井上安了辘轳；井口的位置也是有讲究的。

然后就要强调舒适度了：再盖出一到两个房间。

从住进去的第一晚开始，桌子就被推到了室外的柱廊边上露天摆放。一条长凳——其实就是在插在沙地里的两根桩子上钉了块木板——占据了最主要的位置。啊，这长凳放得可真是地方啊；一般人"在家"的时候都是在这里歇着的；这凳子也成了文物了。

他们商量了一下，用来洗衣服的烧碱得放在什么地方（考虑风向的因素）、得离多远才行；于是就在选好的地方盖起了烧碱炉，简直就像克诺索斯②或者迈锡尼③的设施。于是，烧碱炉也成了文物。

把住宅种到地上的同时，他们还种下了一棵无花果树。每所住宅都有自家的无花果树，只因无花果树能在沙地里生长，而且还能提供一小块树荫。无花果也成了宝贝，而且其地位毋庸置疑。

他们还在适当的距离用木棍和碎石支撑着盖起了一个悬空的小建筑，用来养鸡，既结实又美观，就像吕基亚人④的坟墓。

为了不让春分和秋分时刻的海潮潮汐将用来种菜的土壤冲走，他们还以"黑奴"般的精明用木栅栏把菜地围了起来。

让我们把这种片段的分析先放一放（我们还可以连篇累牍地说上很长时间）。闭上我们的眼睛；追思一下不同历史时期的建筑学，再思考一下究竟何为"建筑学"。然后睁开眼睛，用我们刚刚回顾过历史建筑学的双眼重新审视一下这些渔民的村落：

重大的布局元素都在这里：山花、有柱廊、有令整个布局更上层楼的各色宝贝。它们以全部的"真实"存在着，相生相续、相辅相成，以最高效的协调性彼此响应着、彼此统一着。形成了一个依照秩序延展、表达并表现的有机体。缺一不可。全都有用。没有一点累赘、没有一点重复，只

---

① 指窗户。——译者注
② CNOSSOS，约公元前 3000–前 1450 年出现于希腊第一大岛克里特（CRETE）岛上的米诺斯（MINOS）古代文明。——译者注
③ MICENES，希腊东北部平原上象征爱琴文明的一座城市遗址。——译者注
④ LYCIEN，吕基亚位于今土耳其南部地区，吕基亚人为史前时期当地土著，后被希腊和土耳其人同化，其坟墓均以石头建成，形状独特，吕基亚人亦以此闻名于世。——译者注

有完全的高效。

这些住宅为数 100 或 500，或孤立于松林深处，或聚焦成海边的小村子，无论怎样，都有一个共同的尺度：人体比例。一切都是按人的比例完成的；步幅、肩宽、头高全都经过了测量。

他们做到了最大限度的经济化。

他们做到了最大限度的密集度。

有那么一天，突然想明白这一切之后，我们给自己写下了这样的话："这样的住宅就是宫殿呀！"

而我们一开始只是给宫殿简单地下了个定义：一座宫殿就是一栋以其外观的庄重打动人心的住宅。

庄重就是一种源于端庄仪表的凌人姿态。

这种姿态之所以盛气凌人是因为其组成部分一律具有壮观的特点。

我们把所有按和谐法则组合成单纯形状的构成部分均称为壮观。

在我们看来，和谐似乎就产生于一种因与果之间的完全相符。这里的因就是涉及住宿地的问题：舒适性；还有就是涉及结构的问题：建造工作。这里的果则是在您观赏一种睿智而典雅的手法时从精神上获得的愉悦感。

简而言之：让我们把这些短命的陋室替换成供同代人居住的坚固耐用的青砖大瓦房；在保持同等精神品质的同时来完成这样的质变。不要那些伐自松林的松木，而代之以钢筋混凝土；不要那些乡下的章程，而代之以"居住的机器"；不要那些第一次世界大战后还一如既往建旧如旧的渔民老粗的诗兴，而代之以文明人的所谓灵感。那么我们的话题就跟这些陋室无关了，建起来的将是完全不同的东西，涉及的也是完全不一样的问题了。果真如此，我们还痴心妄想能达到今天这么广阔、这么丰富的建筑学水准，达到今天这种建筑学精神！

"其实，如果我们懂得如何把最新数据和谐地组织起来，我们也一样能够建成我们的住宅、我们的宫殿。"

* *
*

我一点一点地阐明了我的思想：我说住宅的时候其实说的也是宫殿。建筑学的情感激荡、激发、激励并振奋着我的精神，通过饱含建筑学情感的不懈努力，我终于达到了宫殿的境界。

只因建筑学就是一件不容否认的事件，它是在这样一种创作时刻倏然而至的，此时此刻，我们的精神因专注于保障工程的坚固、满足于追求舒适的欲望，而在比简单提供服务更为高尚的意图中得到了升华，致力于表现出诗兴的威力，这样的威力让我们充满了活力和喜悦。

我就这样弄懂了建筑统一体的原理，无论是在哪个历史时期，每当创作现象像植物扎根、抽枝、发芽、开花、结出种子的果实一样有规律地展开时，这种原理就会出现。生长到该结果的时候，也就是某种建筑体系中规中矩地满足了各种必要的限定条件时，建筑学的"宝库"就会像结出的种子果实一样显形。这粒种子其实就是建筑学的潜在可能性。

当厚积的诗兴开始薄发、浓烈的创作威力开始展现，这粒种子就会催开建筑学宝库的花蕾，开出朵朵建筑学之花。这时，标准化住宅就会达到宫殿的境界：就会以外观的庄重去打动人心。

如此一来，住宅就会变成一座座宫殿，不停地变。一切尽在建筑学掌握之中。

当机械论的狂风吹过，所有应用手段便悉数瓦解，迄今为止的宫殿元素全部消失殆尽、不复存在。况且，作为学院派的产物，我们最近这几代人认同的宫殿极大地玷污了这个词汇的真正含义。宫殿的形象沦为淫逸奢靡。宫殿开始愧怍于一切健康的精神、愧怍于一切纯洁的灵魂。宫殿只不过是一盘严重变质的杂烩菜，上面爬满了蛆虫。我们机器时代的肚子再也消化不了如此腐化的食物了。学院派把我们引到了其众多结果中最为绝对的一个选择：在上至法兰西学会[①]、下到法兰西岛[②]纯真乡村的所有纯洁的优良传统中作出决断，把农村以及小城市里所有美丽、整洁、纯美的住宅，以及这些地区代表体面阶层体面地位的城堡和教堂，都变成绚丽无比的花环——当然也包括大城市核心区堂而皇之的假象，这些假象以叛逆的面具掩饰着现代社会健康无疑的各类机构：银行、办公楼、会议大厅，——还有我们当代的那条终结于无尽冷漠之中的奥斯曼大道[③]：不啻一件由太监完成

---

　① L'INSTITUT DE FRANCE，法国学术权威机构，由 5 个院组成，其中最出名和最权威的是法兰西学院。——译者注

　② ISLE DE FRANCE，由巴黎市及其周边地区组成的大区，即俗称的"大巴黎区"。——译者注

　③ LE BOULEVARD HAUSSMANN，纵贯巴黎第 8 和第 9 区的一条大道，全长 2530m。——译者注

的作品，以及我们位于圣奥古斯丁广场（LA PLACE SAINT-AUGUSTIN）的军人之家，这个建筑居然成功地引起了所有人的反感。那就是一个毒瘤，它的下面还是活的：有银行、有办公楼，还有楼里的保险柜和使用中的家具，以及自下而上忠实支撑整幢建筑的钢筋混凝土骨架；上面却已经死了：戴着一副石头面具，而且还是一副绝对无用的面具，是"在这幢住宅已经全部建完之后"，又耗尽采石场的石头安上的面具。此外还有一副"木制"屋架顶棚，又摞在了钢筋混凝土的骨架上面，殊不知这副钢筋混凝土骨架已经为这幢住宅完成了锦上添花的工作。随后还有锌制板瓦和天窗，沐浴着各种各样的石材装饰，这些装饰都曾是为供历代国王享受而经国家意志确定之后强加给广大农民的。各式穹顶为整幢建筑戴上了桂冠，同时也成了老鼠和尘封史料的庇护所，而在整幢大楼中，这个高高在上、尽享天高云淡、远离噪声与尘土、比其他部分都要小巧的美丽空间本来是可以成为屋顶花园的。一句话，公款根本就不叫钱，把钱从窗户扔出去就是为了摆阔。所谓建筑学的真谛不过是一种时尚、一座简陋至极的精神之塔、一种抒发情感的表现、不再与从前曾经催生这种真谛的恰当活力保有任何接触。而这正是人类精神最为卑劣的一面：虚假、矫饰、浮夸。

　　一切本应由建筑师掌控；但它却失败了。它是把用于宫殿的假金箔贴到了住宅上。可住宅还是没能变成宫殿。

　　只因在机械论的狂风吹过之后，所有陈旧的老套路都到了大限。

　　旧货商手里有的，只能是旧衣服！

　　沿袭最纯粹的传统是可以的，或许还是不错的，眼前不就是一栋小巧的钢筋混凝土住宅吗，理性、鲜明、真实得就像我们见过的那些真实住宅。

　　真的。

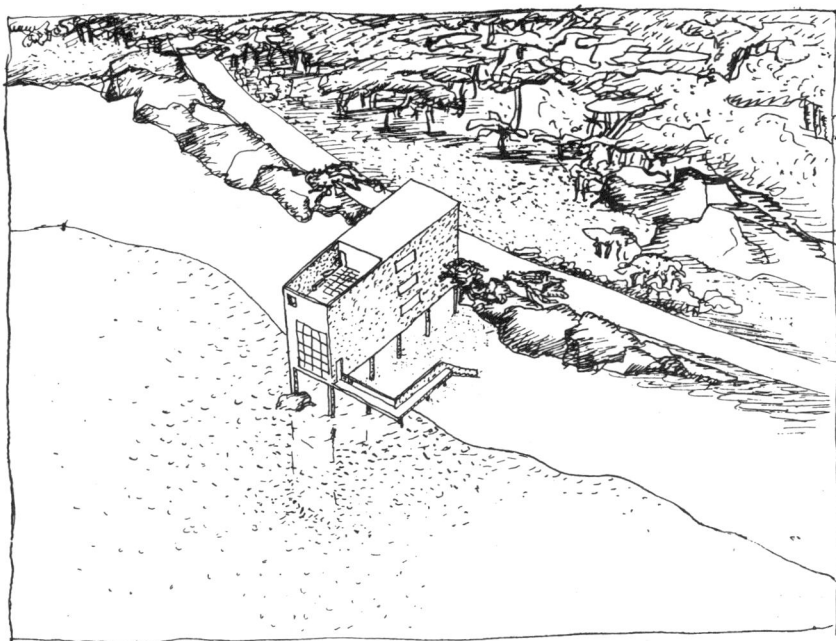

蓝色海岸

　　有可能比传自父辈的住宅使用效率更高的住宅：机械论精神不仅考虑到了舒适问题，而且还可以付诸实践。我们可以爬到自家屋顶上，那儿有

勒·柯布西耶与皮埃尔·让纳雷的设计作品，
位于德国斯图加特市

我们种出的花园。我们把祖辈所画的平面图翻了一个个儿：接待室挪到了楼上，挨着屋顶花园，而不是像以前那样放在楼下。住宅悬在空中，底层架空。远离地面，更加安全。室内阳光普照，只因钢筋混凝土以"自由平面"、

勒·柯布西耶与皮埃尔·让纳雷的设计作品，位于德国斯图加特市 屋顶花园

勒·柯布西耶与皮埃尔·让纳雷的设计作品，位于德国斯图加特市 住宅下面的基桩

"自由立面"给我们带来了阳光：窗户也是自由的，这些窗户永远会一直开到卧室的侧墙墙角，而侧墙就会像反射镜一样将窗外的阳光反射到室内各处。现在，住宅内的光线终于有了新用场，这真是一次伟大的胜利。

勒·柯布西耶与皮
埃尔·让纳雷的设
计作品，位于德国
斯图加特市

勒·柯布西耶与皮埃尔·让纳雷的设计作品，位于德国斯图加特市
外立面不再承载住宅的重量。它惟一的用途就是："提供光线"

专注于观察与辩论的精神、倾向于阐述本质的精神，从一个阶段到另一个阶段把钢筋混凝土引向了建筑学最为尊贵的目的地。

勒·柯布西耶与皮埃尔·让纳雷的设计作品　　　　　　　　　　　　住宅下面

勒·柯布西耶与皮埃尔·让纳雷的设计作品，位于上塞纳 – 布洛涅市[①]
从书房进入屋顶花园

---

① BOULOGNE–SUR–SEINE，法国中部城市。——译者注

一切的一切都被这种新材料颠覆了。精神一声令下，住宅立变宫殿。

* *
*

勒·柯布西耶与皮埃尔·让纳雷的设计作品，位于上塞纳 – 布洛涅市

　　女士们，先生们，我有幸让诸位亲手触到了建筑学的必然手法，当我们不再忍受学院派垂死的禁令时，这样的手法就被注入我们自己的行径之中了。

* *

　　近年来，经与几位杰出同仁联手努力，我为当代建筑学风格的确立尽了些力。

　　有一天我写道：感谢战后这段困难时期、这种一穷二白，最终，这种困难与贫穷把我们从我们的宫殿梦中连根拔起，勒令我们先把自己的住宅搞好再说。

　　而宫殿，到底指的是什么呢？指的就是那种永远更上层楼、直达最高思想境界的需求（或多或少、好歹站上这一境界，这一点不言而喻），一度远离之后，我们又在住宅的化身中找到了这种需求。

　　我们意识到，建造一栋住宅，就是立柱子、打隔断、在整个外立面上挖窗洞。而在住宅内部，就是要布置出连贯的立体空间、让我们深感震动的空间，对这样的空间我们只有承受的份，就像我们只能承受高不可攀的山峰和无边无际的大海一样。只有这样才能建立起各种完全具有说服力的关系。我们甚至承认，我们注定要建立起这些完全具有说服力的关系，此事势在必行，因为这本身就是建筑学。而且，当我们充满敬业精神地想到那些订购这种住宅的人们时，对于他们，我们有义务——因为无需多花钱，而且只靠精神创造的奇迹就能做到——有义务为他们带来住宅的最大化收益，毕竟人家要在里面过日子，我们有义务让他们充满崇高的欣喜、充满对建筑学的喜悦。

　　现代社会给我们带来了钢筋混凝土。真是幸福时光啊。钢筋混凝土就是比任何一个年代都有过之而无不及的几何学的胜利；它也是一种向各种应力提供精确强度的计算方法，充满了造型的感觉和节俭的精神。

　　好啦，我们曾设想要把宫殿植入住宅，也就是把宫殿的精神融汇到住宅之中，说穿了，所谓宫殿的精神就是渗透在我们劳动中的崇高性。

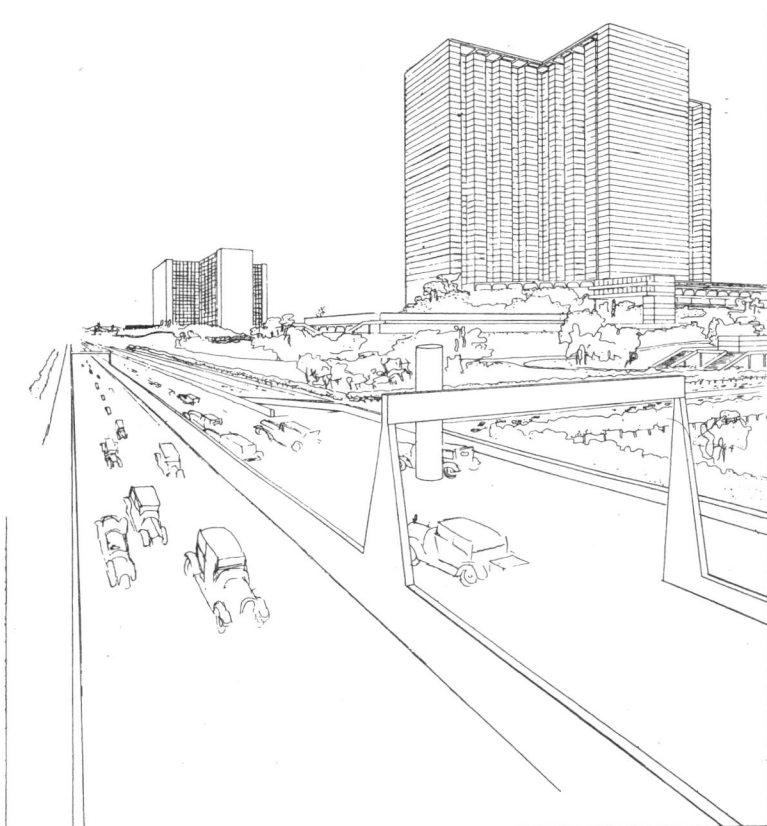

勒·柯布西耶作品，建在公园里的餐馆，以及建在摩天大楼里的商务空间

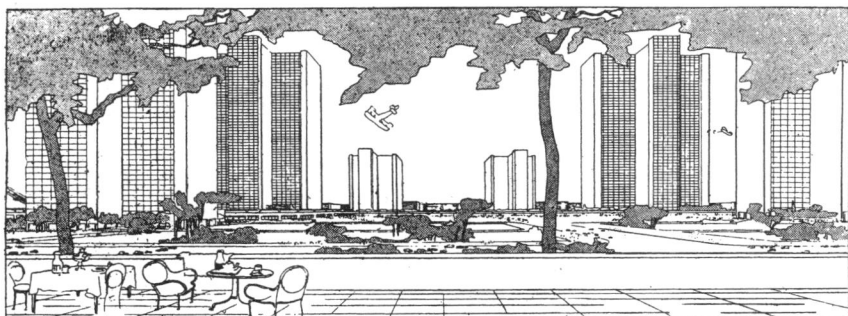

地下火车站；火车站上面的机场；5% 的建筑面积；95% 的交通或绿化面积。
4 倍于巴黎市内超载居住区的人口密度

　　我们拥有过去，只因过去曾向我们证明，在持续的明确与平衡条件下，住宅就是一种典型，而且当这种典型不含杂质时，它便拥有了某种建筑学潜质，成为建筑学真正意义上的宝库；可以升华到宫殿的崇高境界。

　　这也许就是现代精神的基础：从真实达到崇高。

勒·柯布西耶与皮埃尔·让纳雷作品　　　　　　　　　　加歇①的别墅

---

① GARCHES，巴黎南部的小镇。——译者注

　　真实是赤裸而直截了当的。它会在偶然力量的束缚中为我们带来让人眼花缭乱的自由。而被各种束缚压制出来的纯粹答案就会像浓缩物、像

勒·柯布西耶与皮埃尔·让纳雷作品 　　　　　　　　加歇

勒·柯布西耶与皮埃尔·让纳雷作品 　　　　　　　汽车驶入住宅之内

水晶体一样展现出来。游戏规则也就此显现，有了规则，游戏就算赢了。

勒·柯布西耶与皮埃尔·让纳雷作品。加歇

住宅就是一具"居住的机器"

而且我们会感受到，这个光秃秃的丑陋的住宅盒子，在多重意图的重压下正在越绷越紧；我们可以从中体会到一种明显的无穷性；体会够了以后，

加歇的别墅。别墅入口

勒·柯布西耶与皮埃尔·让纳雷作品

我们还会从中发现新的意图。而与周边地势形神共融的建筑作品永远都不
会就此盖棺定论。

* * *

勒·柯布西耶与皮埃尔·让纳雷作品

加歇的别墅。花园一侧

　　我的报告会结束了；现在我可以说："住宅就是一座宫殿。"

　　但考虑到以令人生厌的张冠李戴困扰人类精神的种种尴尬（我想说的是宫殿式的宫殿）①，我必须得多说一句："所谓宫殿，其实就是一栋住宅。"我的下一个任务就是将其明示出来。

　　日内瓦的万国宫，我会讲给你们的，那就是各个国家的住宅，是各个国家行政机构的住宅。它是一个有机体，也是一架目标精确的机器。它也是一个居住的机器。

　　看来，我的报告会还得继续。

＊＊

　　请看我手里这节椴树枝；准备画这片树叶时（在我虔诚地研究大自然的鬼斧神工时，我看到这么多片树叶一片比一片更美），我们开始意识到什么叫做清晰的组织，什么叫做既不冲突也无断裂、叫做由内而外地和谐生长、清澈地延展和流淌，一旦生长、延展、流淌到叶子边缘便就此打住，这样的一种轮廓边际构成的是一种特征，而这种轮廓造就的就是相对于外部事物而形成的布满整个叶面的一种集中化面貌。

　　你们会从中看到一种循环现象，表现的就是其生命的理性。一切的一切，包括建筑学，其实都是一个涉及循环的问题。别忘了，我们现在所看到的人一直都是用双腿直立的，双眼的位置在1.7m的高度，是用来观看、用来看见、用来察觉的，用来将眼睛这架奇妙机器所收进的图像传导到我们的智力和感情机制中的。这就是用于建筑学事物的惟一测量工具；人就是直立的，而且还在观看并承受着你们画在平面和剖面图上奔放的铅笔轨迹。这些平面图和这些剖面图之所以有理由存在，只是因为我们大家能够承受它们的效果。

---

　　①　原文如此。此处是针对宫殿式住宅而言的，意思就是盖成宫殿形式的宫殿。译者理解作者是反对宫殿式住宅的，所以，文中会出现宫殿与住宅二词的排列组合。——译者注

加歇

勒·柯布西耶与皮埃尔·让纳雷作品

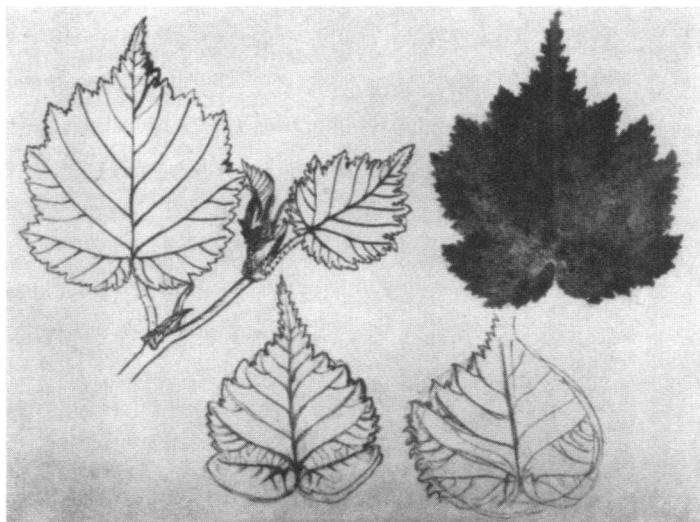

　　在这张图片上，请再允许我为你们指出如何为建造一座大型水坝而准备前期工程。在阿尔卑斯山脉的最深处，即将展开的是一件庞大的建筑性事件，由机智、勇敢和宏伟的机械系统协作完成，在这个机械系统中，人类的普遍智慧让我们掌握了历史上任何一个时期都不曾拥有过的手段。

　　最后，在这幅有关 1928 年建成的万国宫的扉页画面上，请允许我展示一下这座庞大城市的未来面貌；这些面貌将为我们无情揭示基于统计学得出的计算结果；而且全都是些迫在眉睫的现实问题。我们将在新的征兆下开始行动。我们所经历的每时每刻都在强迫我们意识到这一新征兆的确定性；然而，我们抵制着各种无法逃避的天意，同时试图保持我们心灵的温度，而且拒绝随波逐流。城市在分化，在强力吞下现代生活中无数新机体的同时，它们正在加速死亡；在其狭小框架与急急扑向这一框架的大批新生命之间，任何抗争都是没有希望的。我们务必创造出新的框架。惟有一种创造性的综合能力才能把服务的功能与享乐的功能联系在一起；"住宅就是一座宫殿。"这就是当前方兴未艾的辩论主题；我们完全可以把住宅变成一座宫殿。出于统一原则的紧迫性，"宫殿本身也将成为一栋住宅。"

巴伯里讷河^①上的大坝

纽约

① LA BARBERINE，位于法、瑞边界的一条急流。——译者注

1907 年的巴黎
地铁工程

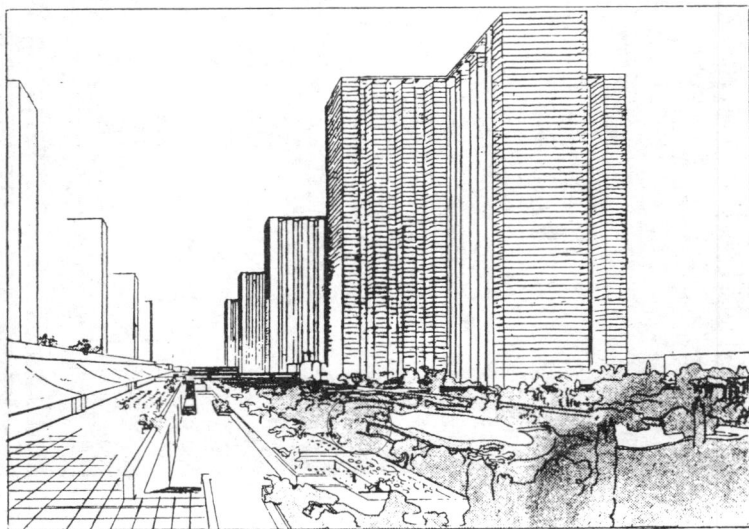

勒·柯布西耶：《一座当代城市》，1922 年出版

巴黎"瓦赞"平面图,展出于 1925 年(装饰艺术展)。近景为塞纳河以及这座城市的历史旧貌

　　为建造万国宫而举行的国际建筑大赛就是一次体验伟大经历的绝好机会。

　　我们的喜悦就在于可以像以往对待我们的住宅一样地对待万国宫。只因我们一刻也没有期望过那些庸人所批方案带给我们的诱人浮华，而是在完成一件可持续有机体的过程中一味专注于实践一种伟大而真诚的简朴精神，并由此而获得新生。我们分析了各种功能，而且我们还为这一旨在催生高效工作的生命体的诸多元素确立了各种不容置疑的工作范本。随着分析的日渐深入，我们的激情也在日益高涨，在这种激情的带动下，我们一点一点地调配着力量，随后便开始着手布局。而且，我们的整体概念一蹴而就，如果真能建成，也许有一天，这样一栋建筑就能具备唤起建筑学喜悦的能力。这样的喜悦就存在于大白天下的各种形态所蕴含的专精、得体与出色的手法。而且，还存在于表露意图、揭示精神手法、清晰展现游戏规则的从因到果的联系之中；还存在于这种"简单"、明显之中，就像一块坚硬、闪光、内中浓缩着巨大能量的水晶石；还存在于能确定相应姿态的尺度之中。

　　我们这里并不是任由暴发户们笑闹的大集市。大家对我们的要求是明确的意图和一种纯粹的想法。

　　这样的明确性与这样的纯粹性，不就是现代社会的符号吗？而且不也像位于日内瓦的新机构一样，需要满足新社会的满腔希望吗？

* *

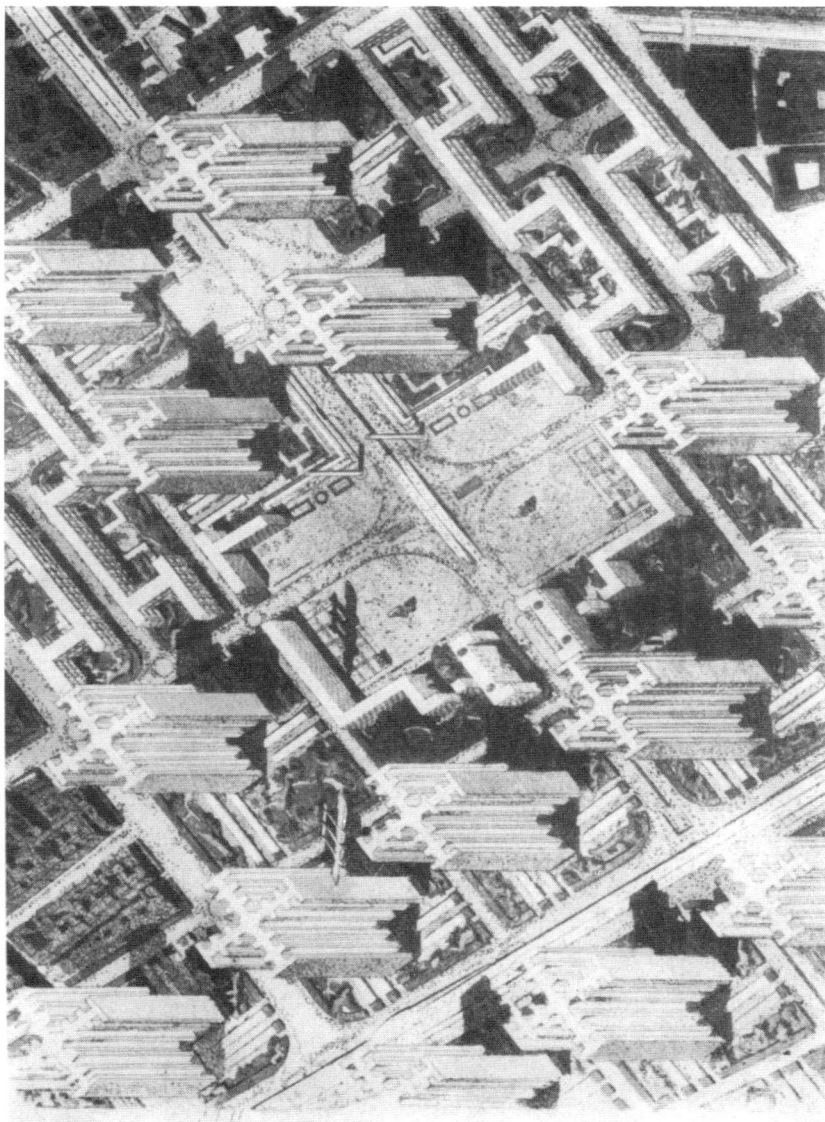

勒·柯布西耶作品。巴黎"瓦赞"平面图（展出于 1925 年装饰艺术展）。圣丹尼斯门与圣马丁门[1] 景观图。该巴黎市中心的商业区计划能容纳 4 倍于正常值的人口（仅占 5% 的面积；其建筑（60 层）则用于交通与绿化（参见"勒·柯布西耶游神丛书"之《明日之城市》，中文版由中国建筑工业出版社于 2009 年出版）

① LA PORTE SAINT-DENIS ET LA PORTE SAINT-MARTIN，均为巴黎环城公路上的出入口。——译者注

第二部分　阐述

无论宝座多么高不可攀，
无论座椅多么柔绵细软，
其实我们坐的永远都是
屁股蛋。

——蒙田①

问题在于：

"一块地"。

这样一组大楼形成的是需要"预留足够面积的一个整体"，必要时还可以进一步扩展，并与离我们现有边界仅 300m 之遥的刚刚盖好的国际劳工局大楼彼此相连。

"办公室"，需要 500 间办公室。

"一座礼堂"，能容纳 2600 人的视听机关。

"一条通道"，这是交通所面临的一个尖锐问题。

"一种结构"，一种动用现代科学所有资源的结构，也是能把我们引向规定造价的惟一途径。

"一种审美"，也就是这样一种布局体系、这样一些数学关系、这样一种精神品质，这种精神品质通过趋于纯粹的尺度感、通过个性化的创造力表现出了力量美。不是说这里有什么矛盾，而是说这里只有某种咄咄逼人的刚猛。而我们说过，"微笑、明媚又美丽"，这才真正是建筑学需要的设计要求呢。

* *
*

① MONTAIGNE，1533–1592 年，法国作家。——译者注

一块地

它是万能的：美丽的树林和绿色的草坪倒映在波光粼粼的湖水之中。如果说，它面前竖立的是阿尔卑斯山屏风，那么，背后便是横亘的汝拉山①屏障。湖面光滑如镜：其邻近萨瓦省②一侧的湖岸线以纯美的水平线衬托着阿尔卑斯山的相对高度。我们在左侧看到，日内瓦城以其湖岸线、

---

① LE JURA，位于法、瑞、德边界，阿尔卑斯山以北的山系。——译者注
② LA SAVOIE，位于法国东南部。——译者注

环绕这块土地的高大树林

湖水的流出口

堤岸线以及开有规则窗口的住宅线排成了连绵、新颖、四下伸展的水平线。在日内瓦上空，萨莱夫山[1]高耸着由平行带状峭壁以条纹状排开的山形。毫无疑问，"水平线"是这里的绝对主宰：为这里的地势一锤定了音。

---

① LE SALEVE，位于法、瑞边界。——译者注

日内瓦的大桥

日内瓦：堤岸、萨莱夫山岩

　　我们这块场地紧邻着山腰上的洛桑－日内瓦公路，声音嘈杂，间或有几座对外出租的楼房，装饰着落伍的山花，还有几座厂房、车间：真是让我们掉价的邻居。但由于美丽高大的树林环绕着紧靠这条公路修建的公园，我们得以保留下这片大树林；进入万国宫的几条道路将穿林而过，就修在大树下面的草地上。这样一来，您就可以远离那条公路了；您就可以置身于树干粗大的树林之中了；您就可以忘掉那条破公路了；您就会豁然开朗地走进这块朝向开阔湖面的场地了；什么公路、什么日内瓦、洛桑，统统可以忘在脑后了，只因倏然出现在您面前的就是这块奇妙的场地，光彩斑斓，向前、向左、向右自在地伸展着，其轮廓精确得令人痴迷。既然您现在就置身于这块万国齐备的"既定场地"上，您也许会梦想有什么慷慨盛举的出现吧。谁知道呢？

　　我们的建筑就在这里问世，但却不是挤成一处、聚成一堆、堆在一起的；而是要深入到场地的每一个角落，以纤薄而细长的形状，去迎接各种欣喜目光的打量。

　　我们的场地邻近山坡，草地沿坡而下伸向湖面。我们把这里定为我们的基准点，这也是我们所有建筑的惟一基准面。

　　这个基准点一直延伸到右侧很远的地方，直到秘书处的各翼；最后一栋附属楼与洛桑公路相连，与公路路面处于同样的基准面高度。但在朝向日内瓦一侧，我们的基准面则是在草地斜坡上找到的，并将其延伸到了钢筋混凝土的立柱之上，随着地面的下斜，这些立柱也越插越低。因此，我们的建筑就悬空于立柱之上，最高处有 9m 之多。所有办公楼层都是在这个基准标高之上一层一层整齐划一建造起来的；我们将最高一层建成了无懈可击的平面，很长，特别长，使整个建筑布局具备了最根本的稳定态势。我们把这个水平面延伸到了大礼堂的整个露台屋顶。于是我们的屋面就笔直地伸到了湖面上空，并以无可争议的威严雄踞于整块场地之上。想像一下，在这片广袤的平台上，从世界各地赶来参加国际联盟大会的各色人等，散会之后走上这个平台，就可以"尽情眺望"了。在这里，只要"眺望"就足够了。这样一座面对如斯美景的观景台在全世界也是绝无仅有的。眺望如此美景是可以荡涤人的灵魂的。哪怕是外交官的灵魂。

　　只因建在这个基准标高之上的大礼堂是完全以尖岬前出于湖面、悬空在湖水之上的。这里，体现了一种可贵的意图：国联大会的主席馆、历届

日内瓦：大桥、卢梭岛^①、勃朗峰^②

日内瓦：威尔逊码头^③，由这里可以一直走到新建的万国宫

① ILE ROUSSEAU，位于流经日内瓦的罗讷河（LE RHONE）之上。——译者注
② LE MONT BLANC，阿尔卑斯山最高峰，位于法、意边界。——译者注
③ LE QUAI WILSON，位于日内瓦的莱芒湖（LE LAC LEMAN）畔，始建于 1866 年。——译者注

年度大会的最高司令部，就展现在由钢筋混凝土支柱构成的桩基之上，外面包裹着打磨光滑的花岗岩石材——也许科学院院士会称之为圆柱。这些圆柱就立在一个小码头的湖水中，岸上有台阶一直通到水面。我们也可以通过水路去到主席的地盘（日内瓦的观光船还是很有味道的）；或者，乘车，也可以一直开到主席馆正下方，那儿有一部电梯。

大礼堂压根就没有建在四面通透的立柱上。利用地势的倾斜，我们应大家要求组建了一批大仓库；不止于此，利用一层与地面楼板背坡斜度相对应的楼板，我们还以有限的高度在基准面的高度上为仓库多加了一层面积。

在秘书处的通透桩基下面，我们还开通了单向汽车道，并在这些不花钱的顶板之下建起了能容纳 100 辆汽车的通透式车库，以及能停放 25 辆汽车的封闭式车库；还有摩托车车库和自行车车库。马路就开在这些自由空间下面：这里的高度也被充分利用，用来让阳光射入。想像一下这样的情形：美丽的草坪四向伸展，似乎在秘书处下面连成了一片。再也没有什么住宅的"阴面"之说：阳光、视野、风景应有尽有。我们连一堵"厚重的基脚墙"都没有建。一堵都没建。因为这些厚墙太费钱了。而且它们庞大的身影还会让住宅阴面变得一片黑暗。我们的等距立柱比墙壁更能支撑并分散建筑物的重力。同样，曼哈顿的摩天大楼也是建在钢铁立柱之上的；但后来却以大事炫耀的墙壁把这些立柱围上了。

请注意，我们没有挖开过任何一块地面，除了安装锅炉房的那块。挖地也是一件贵得要死的事情。

既没有挖地。

也没有基脚墙。

大量节省的金钱让我们的造价与有限的规定造价十分接近。然而，就是这些桩基，让我们费了多少笔墨呀！都以为：一座宫殿嘛，要想显得庄重，那就得有城堡一样厚重的基脚墙才行。

可在我们这儿：阳光可以从下面穿过，

　　　　　　　花园可以从下面穿过，

　　　　　　　视野可以从四面穿过；无论从什么位置，只要站在场地高处，我们就可以看到，湖水在秘书处大楼下面熠熠生辉的景象；

而且永远找不到阴暗潮湿或者不见阳光的地方。

这样的楼群格局体现的完全就是一种"风景画设计理念"。我们对这块场地了如指掌；我们远离城市：这里只有湖水、树木、草地、山峦，还有无尽的天际线。我们无法想像按照都市化理念进行设计会是个什么情形，弄出个什么集会场所、威尼斯广场、歌剧院广场，等等，搞得街道连着街道、广场挨着广场，还有各色各样的建筑群，紧邻着一个个扣在金字塔形建筑体之上的圆屋顶或者大穹顶。在我们的方案中，建筑的牢固程度根本就不靠巨大的基脚墙来体现；而是由高悬天际、以惟一一条水平线构成的完美线条来体现。

* *

预留足够面积的一个整体

很可能有一天，我们会得到巴顿（BARTON）家的那块地，就在我们这块场地与国际劳工局现有的属地之间，那时，万国宫就会在他们家那块地面上与国际劳工局的各部门连在一起了。

这样一来，我们那个形状暂不对称的方案也就得到了解释。由此，我们决定，把大礼堂的突角做成这块场地伸向湖面之上的尖岬。

然而，我不认为"书生气"的对称形态有任何特殊含义。未来给我们留下的是各种各样的可能性，这些可能性不是用来完成对称格局的，而是用来进行重新创造的；创造不是为了"终结"，而是为了"延续"，为了进一步强化本已足够快速足够紧张的节奏。

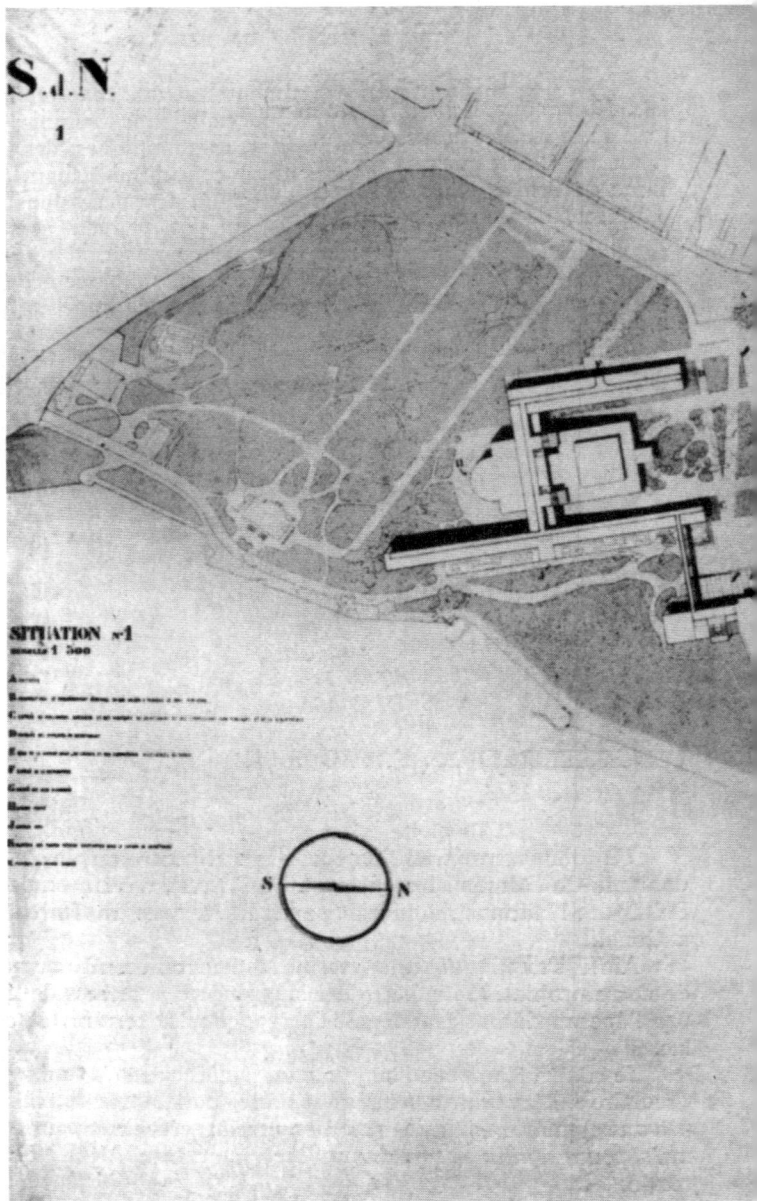

梦乐泊公园①

我们可以看到，B 点上标出的，就是我们方案中沿着从威尔逊码头（在左面，已经超出画面之外）到洛桑公路那条直线所画的延长线

---

① LE PARC MONREPOS，位于日内瓦。——译者注

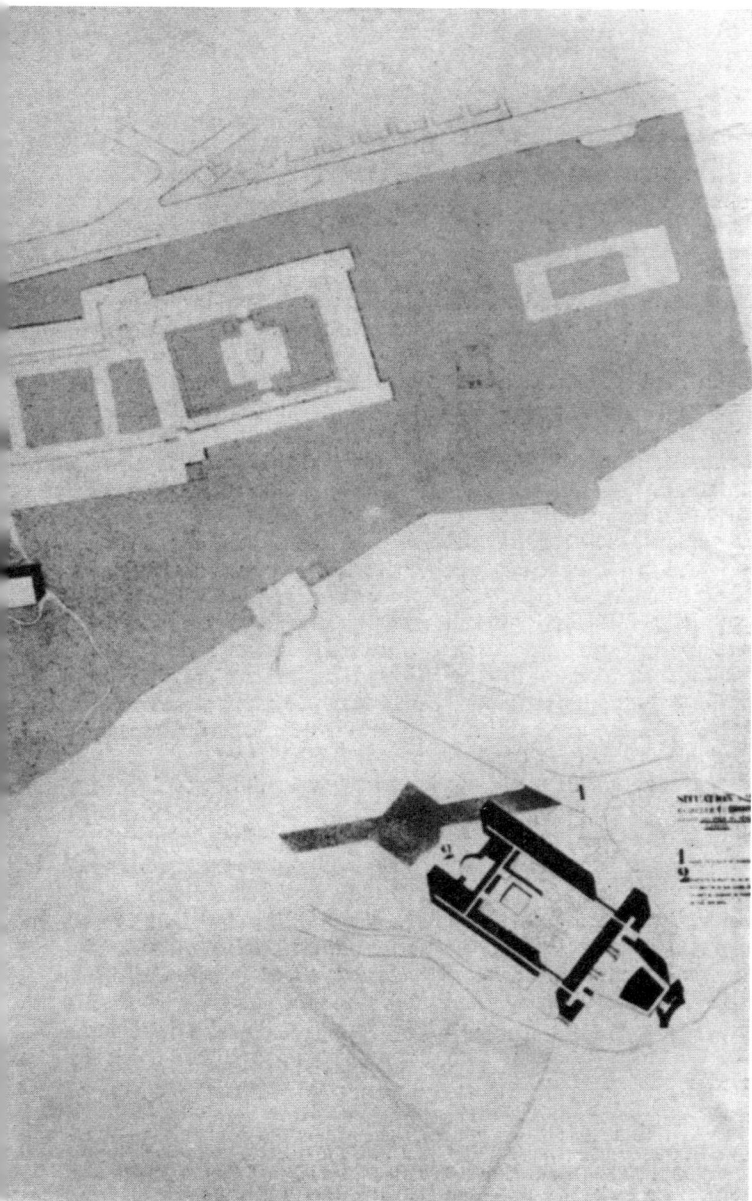

这里（缩小的比例尺），是我们的修改稿方案，用的都是同样的布局元素

办公室

凡尔赛宫、总督府①、梵蒂冈，所有令您自然想起昔日奢华、并冠以宫殿之名的地方，都与本案的设计要求毫无关联。宫殿，用在这里，就是一个"邪恶"[1]的字眼，因为，在将人类精神推向建筑学陈旧外观的同时，它很有可能会让已经提出来的问题得不到合理的解决。我们要盖的是办公楼，是政府机构、一个真正的政府机构啊。而如今，一般容纳某一政府机构的大楼都是由多个房间构成的，每间都有一张写字台、几把椅子，以及一张或者多张打字机桌。办公室里的人都是趴在纸上工作的，不是看就是写。我们需要很好地阐明当今时代的特征，我们认为，带动了全世界的钢铁纪元已经引发了一种相互依存的鲜明形态，其结果就是由供应与需求所形成的神奇现实；而我们与别人的辩论则是通过书写、在纸面上发生的。纸张代替了语言。这就又出了个"纸张的纪元"！这个词汇当然没有钢铁纪元一词来得诗意。但它是真实的、而且格外贴切。

写和读都需要足够的光线、需要一种充足而稳定的照明。您永远不知道这间或者那间办公室究竟配的是一张写字台还是 5 张打字机桌：反正不是前者就是后者，但也可能是其他的东西。只有这一点可以肯定：那就是开有窗户的那一堵墙壁绝不应该再有什么形成阴影的窗间墙或者墙角石。窗户就应该从墙的一侧横贯到另一侧。"如果窗户能够在这一头和那一头全都接触到两头的侧面墙壁，那么这两堵侧墙立即就会起到光线反射体和漫射体的作用。"光线就会变得"稳定"而无所不在；它会照遍全屋，再也不会有一处阴暗的角落；整间房间都可以派上用场。物理学家按照不同照明方式交给我们这样两张草图：

注：
1. 我在这里把这个字眼回赠给那些英国先生们，他们曾经使用这个字眼来修饰我们的项目："……建筑学最为邪恶的时刻……"[见《建筑评论》(ARCHITECTURAL REVIEW)]。"邪恶"，我们曾经是，因为，这些英国先生们说，"这样一种由多重理由严格限定的建筑极易形成诱惑。"

① LE PALAIS DES DOGES，位于意大利的威尼斯。——译者注

这次莱芒湖上的汽船之旅，从观赏的角度为我们明确了长窗的原理

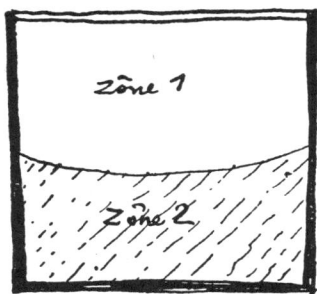

毗邻两堵侧墙的"长形"窗户　　　　　　　　传统的"高"窗
　　　　（A 房间）　　　　　　　　　　　　　（B 房间）

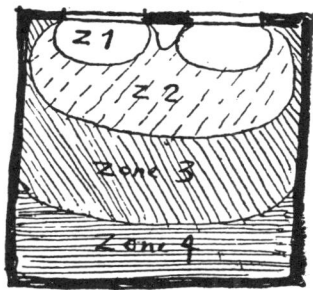

两间房间的窗户面积完全相等

这样的展示最有说服力。证据吗？如果您在房间 A 里拍照片的话，那么曝光时间就会比在房间 B 里拍照缩短"4 倍"。这论据够服人吧？所以您必须承认，人人适用的标准化办公室，就得是"装有从一堵墙壁横贯到另一堵墙壁的长形窗户的办公室"。而如果说这种办公室具有标准化，也就是既高效又完美，那么，您还能——当然是通过卑怯回归那种纠缠您回忆（凡尔赛宫、总督府、梵蒂冈，等等）的学院派模式——同意或多或少地放弃这种标准化，以便与学院派保持接触、以便绝对不顺势跌入某一新建筑形式之中吗？您不能；您永远不会同意对您的客户做出如此不忠之举，毕竟人家从您这里订了那么多间办公室。因此，您所有的办公室都将是"标准化"的——10 间、100 间、500 间都一样。结果就是，您的外立面将焕然一新，您再也不会重走凡尔赛宫、梵蒂冈的老路。但您是否敢于为了忠实所要求的基本义务而去冒风险呢？

补充一句，一种当下的、极其当下的感觉促使我们不断寻找光明。从今往后足不出户的我们需要足够的光线；面对各种全新的任务、各种在全新机器时代每一阶段都不一样的任务，我们需要看得更清楚，看清自己一如看清我们周围。这完全是一项由当代行为所提出的要求。这更是国联总部本身的设计要求。

准确地说，是钢筋混凝土我们带来了美观、经济而又完全高效的解决办法。

"钢筋混凝土还顺便为我们装上了'横向长窗'"。

长窗与竖向落地高窗势不两立，而竖向落地高窗的最后样板（奥斯曼式）就是源于石材建筑的成功典型；而长窗则是由钢筋混凝土带来的美妙结果。有史以来第一次，在建筑学当中可以取消"支撑点"，至少可以不显露在外立面上。"但两种根本不同的建筑体系也引出了两种窗户体系。"您还会在长窗面前犹豫不决，就因为它为我们带来了一种新式建筑法吗？

钢筋混凝土的出现带来的是解决方法的转换：窗户玻璃接触的只是分隔两间办公室的薄薄的隔断。所以外立面就不会再有什么支柱或者窗间墙，有的只是分隔不同办公室的隔断立面。

钢筋混凝土通过长窗为我们带来了"自由立面"，也就是说，所有推拉窗的窗扇都可以一扇挨一扇地无限增加下去，而"无需外在的支撑点"。

在我们有关秘书处的建筑方案中，我们需要的是长达180m的办公楼层。我们的窗户也将长达180m，没有窗间支撑，没有任何间断。

原因如下：深埋地下的钢筋混凝土立柱在钻出地面后还会继续向建筑物的高处伸展，并且还会从外立面向内缩进1.25m。再准确点说就是：钢筋混凝土的各层楼板将向外悬挑1.25m；然后我们再在这些阳台的上沿再砌上一层薄薄的窗下墙；再在支撑墙上安上窗户；窗户的高度直达顶棚。每一层都如法炮制。

由于冬天从湖面上吹来的风十分寒冷，所以我们会把遮挡窗户的卷轴式木质百叶窗帘盒安在室外而不是室内；百叶窗完全装在室外：风尽管吹，但窗户却始终密不透风。

这样的窗户、这么多的窗户，本身也就变成了一种建筑形式的前提条件。要想清洗这些窗户，一架造得像自行车一样的滑行天车就可以让清洁人员顺利完成工作而无需打扰任何人。每一层都装有自己的自行车式清洁天车。

好啦，空旷的外立面、长长的窗户，这些都成了新式建筑的审美基础。我们是在较劲吗？我们是想推翻石材建筑中的那种窗户吗？其实什么都抵挡不住滑动长窗的优越性。而且一种新的建筑形式正在以无可争辩的正当性确定着它的存在。

一栋办公大楼就这样变成了分散而又均匀分布的支柱丛林。每隔3m的高度，就有一层钢筋混凝土楼板以一种阳台的形式伸出支柱之外。窗户玻璃以及一前一后双层滑动的窗框在大楼的正面立面上向两侧尽情延展着。这些窗框没有那种"宫殿"（凡尔赛宫或者行政官邸）式的夸张尺码；有的只是符合人体比例的标准尺码，这也是近10年来在我们所有建筑当中严格建立并掌控的一种尺码。我们万国宫的窗户与我们所建的别墅、公馆、工人住宅、别墅大厦使用的都是同样的窗框（自一年前调整到位后就申请了专利）。

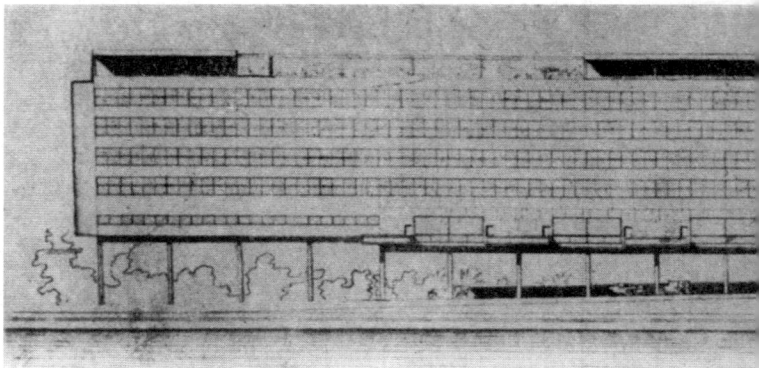

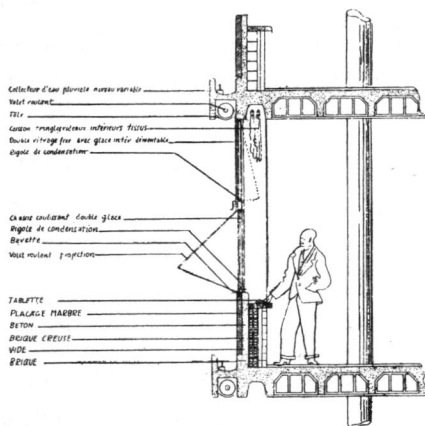

外立面不再承载楼板的重量；"而是由楼板来承载它们的重量。"整个结构的支柱比外立面内缩了 1.25m。外立面就"完全自由了"。所有窗户都是"连贯"的，绝无任何间断。每间房间都实现了理论程度的完美采光。所有窗户都以推拉方式进行开合 [勒·柯布西耶与皮埃尔·让纳雷的专利，由圣-戈班（SAINT-GOBAIN）制作公司经营]

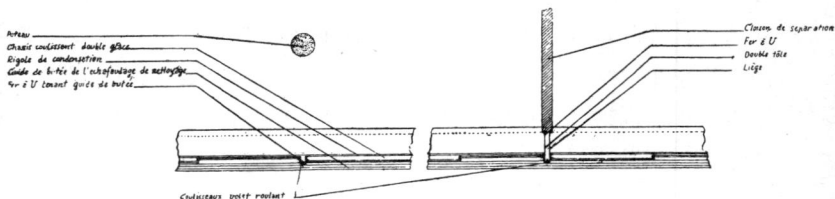

PLAN

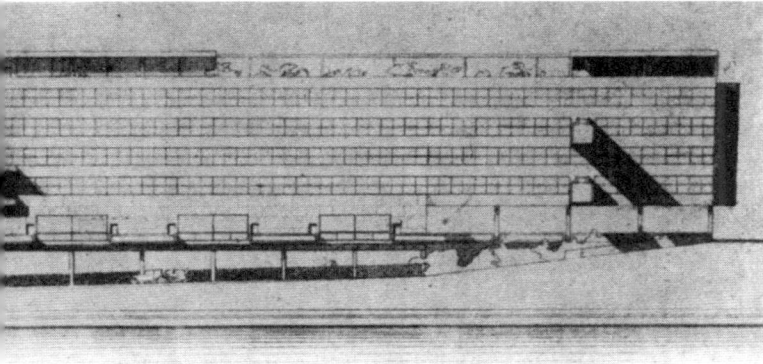

我们那种窗户的形式就是加歇别墅上的这种（参见第 71 页至第 79 页）。按此比例，朝向加歇花园的外立面（参见第 77 页）所占据的就是这种尺码的一个长方形：

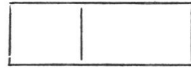

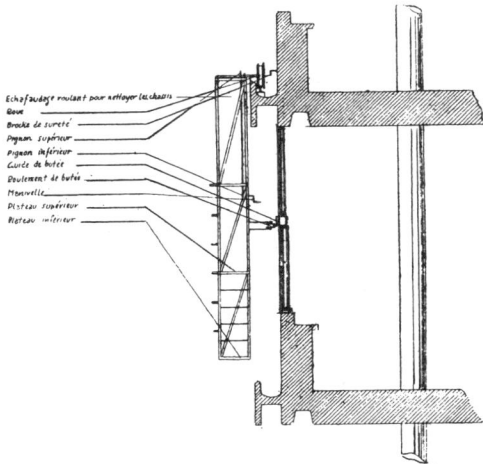

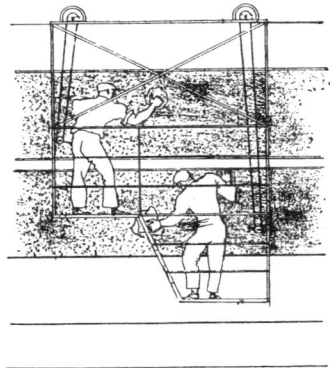

VUE · DE · L'ECHAFAUDAGE ROULANT

滑轮脚手架示意图

清洁窗户用的"自行车式天车"。窗户的解决办法（混凝土骨架、滑动窗户、外置卷轴式百叶窗帘盒）完全是一种技术性处理方案。为我们带来的则是一种纯粹的审美方式

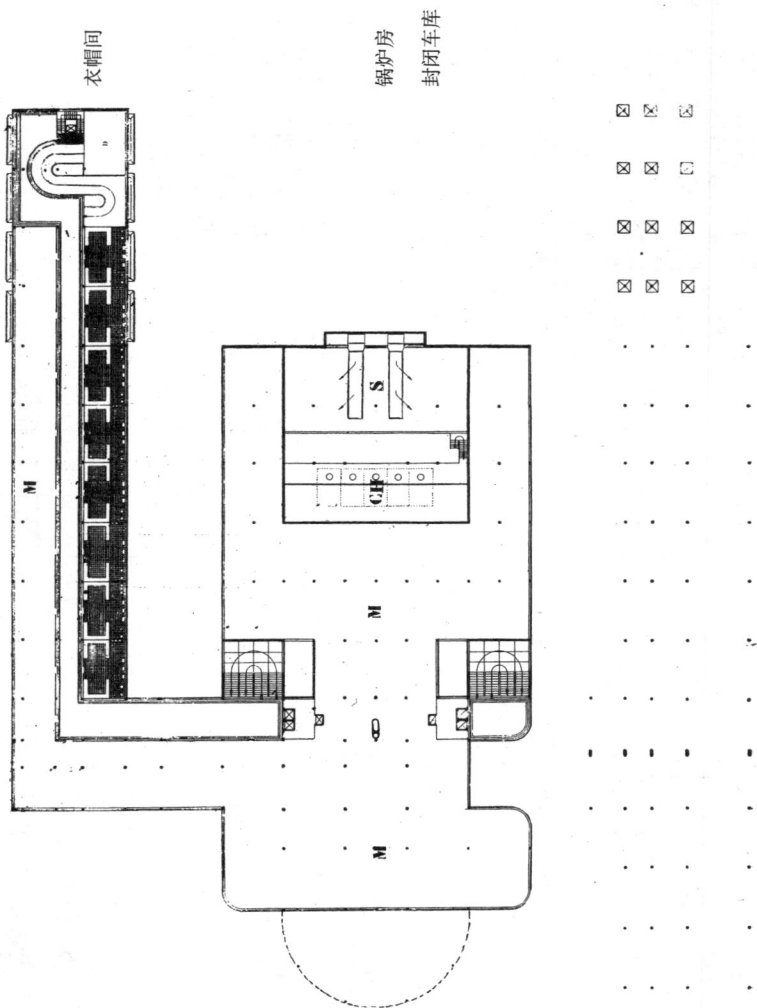

衣帽间

锅炉房

封闭车库

所有大楼只有锅炉房、封闭车库和职工衣帽间才与地面直接相连。依其不同坡度，秘书处办公楼主体的距地高度分别为4m、6m、8m、10m

这里：秘书处大楼的底层架空无偿提供了能停放100辆汽车的开放式（但顶棚封闭汽车）车库（参见第135页）

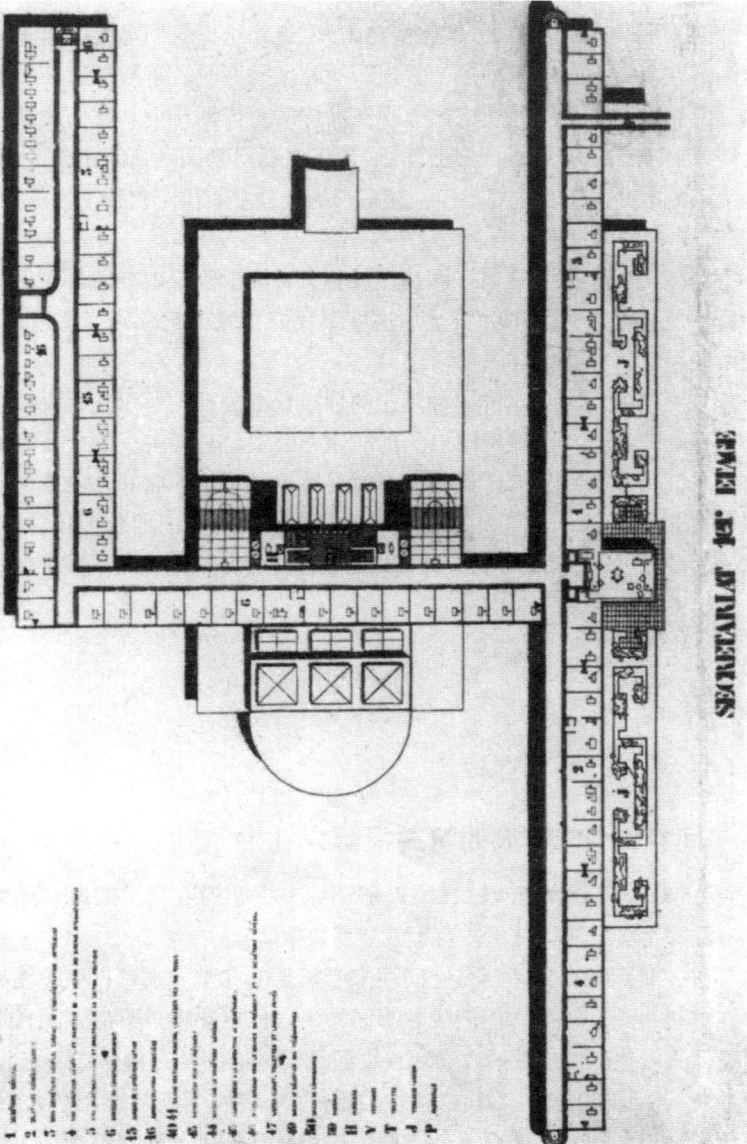

秘书处大楼一层

秘书长的会客厅位于屋顶花园上，屋顶花园下面就是各个分支机构

　　这一点非常重要。我再说一遍：与奥斯曼式竖向长窗势不两立的横向长窗开创了一种全新的建筑方式。而且这种"均衡性"也是"统一性"最宝贵的元素。"细节要统一，整体要热闹"；想到这里我们马上找来了城市规划师。在研究那种适用神圣"教规"的跨度问题时，宫殿的特征是不会被继续沿用的。这样的外观应该体现在大楼的整体动作中。我们建在这里的大楼就做出了跨越180m的动作，而且正面朝向勃朗峰，俯瞰整片草坪。它容纳了秘书处的所有主要部门。秘书长的办公室就位于楼顶下面的中心。再下面是各个分支机构。

　　办公室的朝向先是转向日内瓦，接着又转向了汝拉山方向。而且没有院子。这就是城市规划师的贡献。这里跟我们在城市轮廓研究（1922年）中的做法一样，"绝对没有"院子。

　　您现在已经认可了这样一种理想的标准化办公室。所以您还得继续认可，这500间办公室全都是理想的标准化办公室。只要有一间办公室面向着广阔空间——有风景有阳光——您就得被迫认可这500间办公室都是朝向风景或者阳光的。万事俱备：您终于抛弃了学院派的那套形状、概念、习惯、手段、方法。"您实现了建筑学的现代化"并从此立于不败之地。

* *

一间容纳2600人的机关视听大礼堂

　　这2600人应该置身于这样的舒适环境之中，拥有很可能做得很大的扶手椅和写字桌，所以礼堂的容积就要变得很大。

　　不过，难点就在于：这是一间用来听报告的礼堂。来自世界各地的人们要在这里讨论、讲话，他们说着不同的语言，彼此很难听懂，而且辩论的不是什么派生于偶然性的哲学观点，而是要讨论世界的和平与战争。

　　收集一下您的记忆：在历次愉快的旅行中，您曾经听导游用意大利语、西班牙语在巴黎或者随便什么地方给您讲解过各处伟大的建筑作品。在这些艺术殿堂的穹顶之下，如果您没有亦步亦趋地跟紧导游，您是"绝对"

不会"听到"他的讲解词的。"我们在覆有顶棚的巨大厅堂里是什么也听不见的。"在巴黎的先贤祠里、在圣叙尔比斯教堂①、荣誉军人院②、大王宫③、巴黎圣母院④，您其实什么也没听见。在威尼斯的圣马可广场⑤、帕多瓦⑥的圣安东尼大教堂⑦、米兰大教堂⑧也什么都没听见。在佛罗伦萨的圣母百花大教堂⑨、施洗堂⑩也没有。在罗马的圣彼得大教堂⑪、罗马的万神庙⑫也没有。在君士坦丁堡⑬的圣索菲亚大教堂⑭也没有。什么都没听见，就算听见，也只听到些"喧哗"。无数的回声交来错去；无数滞后的声波驰来骋去。"喧哗"而已。

而如果说您没听到导游的话，那么您偶尔也会去听听穹顶之下的演讲说话或者讲经布道：一大群人里面，可能也就 100 个人在倾听。其他人似听非听，剩下的只能听见喧哗。

就算在巴黎的众议院⑮（其实很小），我们也很难听得清。好啦，自 1789 年大革命⑯以来，就有人发明了"讲坛风格"，每一个时代都拥有自己的大师级雄辩录：就是那些能用喉咙制造演说效果的人。这以后人类才开始利用演说效果操纵民众。

可是思想并不存在于喉咙之中。喉咙也并不总具有操纵民众的威力。而在日内瓦，从理论上说，我们会尽量接受"来自头脑的思想"而不是"来自喉咙的思想"。

---

① SAINT-SULPICE，位于巴黎第 6 区的天主教教堂，始建于 13 世纪。——译者注
② LES INVALIDES，位于巴黎第 7 区，始建于 1670 年。——译者注
③ LE GRAND PALAIS，位于巴黎第 8 区香榭丽舍大道旁，系 1897 年为庆祝世界博览会而建。——译者注
④ NOTRE DAME DE PARIS，位于巴黎第 4 区，始建于 1163 年。——译者注
⑤ SAINT-MARC，威尼斯城中心广场，始建于 9 世纪。——译者注
⑥ PADOUE，意大利北部城市。——译者注
⑦ SAINT-ANTOINE，始建于 1231 年。——译者注
⑧ DOME DEMILAN，位于米兰市中心，始建于 1386 年。——译者注
⑨ SAINTE-MARIE-DES-FLEURS，位于意大利的佛罗伦萨市，始建于 1296 年。——译者注
⑩ BAPTISTERE，佛罗伦萨现存最古老建筑之一，始建于 1059 年。——译者注
⑪ SAINT—PIERRE，系梵蒂冈的主要教堂，始建于 1506 年。——译者注
⑫ PANTHEON，古罗马重要建筑之一，始建于公元前 27 年。——译者注
⑬ CONSTANTINOPLE，土耳其最大城市伊斯坦布尔旧称，始建于公元 324 年。——译者注
⑭ SAINTE-SOPHIE，系一座拜占庭式教堂，始建于公元 335 年。——译者注
⑮ LA CHAMBRE DES DEPUTES，位于巴黎第 7 区，即现在的巴黎国民议会。——译者注
⑯ LA REVOLUTION DE 89，即 1789 年的法国大革命。——译者注

　　而且，在日内瓦，如果按学院派的手段、方法、教规去修建这座大礼堂，那么大礼堂巨大的容积对我们来说就预示着无可挽回的灾难。

　　然而您可能曾在某一天到过古歌剧院①，在最高处的最后几级台阶上，作为体验，您可能经历过导游专为游客准备的这样一种节目：导游会在舞台的讲坛上掉落一枚硬币；您所听到的硬币触地声就像是这枚硬币掉在您脚下那么清楚。导游以清晰而纯净的声音说："一分钱"。如此精确、细小的撞击之声分毫不差地传进了您的耳中。舞台上有人在小声说话；您听得十分真切。要是有人唱歌，您真的就该大吃一惊了。

　　因为古歌剧院是没有顶棚的。而且还因为它的舞台背景墙、它的建筑用材以及台阶布局都严格遵循了物理学家的设计图规范。

　　今天，我们终于了解到：

　　1）古人已经掌握了声学的科学定律。

　　2）从古至今，我们或多或少始终都不知道这些定律，至少是不知道如何将这些定律应用到带顶棚（穹顶、圆顶、拱顶、平顶，等等）的厅堂。

　　结果就是：古代的所有歌剧院都让我们觉得无比神奇。其实它们只不过是巧妙而严格的设计图表现形式。而现代的所有厅堂都对声学定律一无所知。

　　而且还有：受益于温和的气候，古代的歌剧院得以避开了最大的困难：顶棚。而在更严酷气候下建起的现代厅堂就只好承受顶棚的局限了。

　　这个顶棚带来了两个后果。

　　第一个：糟糕的音效；第二个：材料与静力施工的困难耗尽了建设者们的全部心血。问题就出在静力学上；而这正是哥特大教堂以及意大利文艺复兴主教堂或巴西利卡式教堂的"全部"决定因素。就是静力问题。

　　不过，声学定律却把我们引入了一个不再属于静力学的范畴（重力定律以及由重力得出的所有关于垂直体系、平衡桥台等的结论），而是一个更具生态性的范畴，"其确切结论与某种静力体系得出的结论毫无瓜葛。"

　　在古代，没有顶棚，也没有静力体系。

　　而今天：顶棚必不可少；静力体系呢，"却"得出了与声学现象相对

――――――――――――

　　① LE THEATRE D'ORANGE，位于罗马，始建于公元1世纪，是迄今保存最完好的古罗马歌剧院，为半圆形阶梯式建筑。——译者注

立的结论。由此，就需要再设计一种能承载礼堂顶棚的静力体系，并设计出一种保证听觉效果的生态声学体系。还要把这两种体系——对接起来，以保证同时解决静力学和声学这两种不同问题。

但如果说千年以来的现代社会已经掌握了多种静力学体系；如果说，自铁器和钢筋混凝土开始使用以来，19世纪和20世纪的科学计算在静力学方面已经为我们赋予了强大的施工能力，那么，直到近些时候，我们还始终不具备真正科学的声学定律知识。

其实这些定律非常简单，连小孩子都能理解，就如同这个世界上的所有定律都很简单一样。不简单的是如何发现它们、形成公式，为其建立完备体系。

而这，正是古斯塔夫·里昂[①]刚刚完成的一项工作。

声音就是一种球面波。比如您可能见过染成红色的肥皂泡。它会越胀越大。而它所包含的红颜色原本很小，但在它变得很大时却还保有同样的质量。假设，它可以无限变大：那么小肥皂泡上的鲜红色就会变成粉红色，到最后淡得几乎看不出来。现在，您就当这红色就表示声中之音，把您的耳膜贴到小泡泡上：您会听到一种强烈的声音（相当于深红色）；再把您的耳朵贴到大泡泡上，您听到的就是一种极其微弱的、几乎听不出来的声音（相当于淡粉色）。这说明：在深红色肥皂泡（小泡）表面，您耳膜的接触面接触的是其实体的绝大部分（大声）；而在淡粉色肥皂泡（大泡）表面，您耳膜的接触面接触的只是其实体微不足道的一小部分（小声）。

结论就是：在正常条件下，从所发出的声（球面波）中，耳膜只能听出其所发出的一小部分音，小得一旦到达"11m"的距离，人耳就再也听不到以"直波"发出的人声了[1]。

怎么办？

声波的球体就像一只台球；能按照不同的入射角从它所接触到的所有表面反弹起来；完全就跟台球一样。台球一碰到4个桌边就会反弹回来，

注：
1. 某些动物的耳朵就比我们的灵敏得多；而且据说中部非洲的某些蛮族甚至还能听到当地欧洲移民们听不到的声音。

① CUSTAVE LYON，1857–1936年，法国声学专家。——译者注

而瞄着另外两只球的台球手通常会有效借助桌边的连弹效果（球体按入射角产生的回弹）来打到那两只球。在空间里不断放大的声波球会突然撞到正面的一堵墙壁上，并按入射角弹回；这种回弹又会产生新的球面，并像发射物一样沿入射方向射出（球面就会不断膨胀、反弹，循环往复），其中很微小的一部分就会像淡粉色肥皂泡的泡面一样，到一定时候就会触到您的耳膜。这堵被第一个球面撞上的正面墙壁自己也就变成了一个发射器(然后再以此类推）。但第一个球面随即又撞上了一堵侧墙：反弹、形成新的球面、再次到达您的耳膜（一如既往但却变成了越来越淡的粉色）。接着，这第一个球面又撞到了顶棚上：反弹、形成新的球面；再次到达您的耳膜。此刻它又撞到了对面的墙上：反弹、形成新的球面、再次到达您的耳膜。可随着它的逐渐膨胀、随着其最初力道的不断分散，它是一个接一个地接触到对面墙壁、侧面墙壁、顶棚、地面等等平面上的"无数"个点的。它形成了一种无限的发射效应，最初只有"一个"，结果却是无穷无尽地增多，同时也变得越来越弱。而所有这些球面（越来越淡的粉色）都会触到您的耳膜。最初的发射、也就是您耳膜因没有贴到讲话者嘴边而没能吸收到的那次最初发射，就形成了一种宏大的发射效应，礼堂里各个墙面上所有数不胜数的点都成了发射器。数不胜数的发射器又引发了数不胜数的声波球膨胀效应。而您的耳膜就处在这些声波的攻击之中，它们与您的耳膜发生着数以百万计的接触，并且会无限制地弱化下去；但它们的数量也是数不胜数的。而所发出的声音正是这样传到您的耳朵里的。

　　但这么一大堆声音会不会过很久才抵达您的耳朵呢？因为所有这些反弹都代表着声音走过的路程，而声音（以往经验已经表明）每秒钟只走340m。

　　以往经验还让我们注意到另外一件既定事实：人耳只能在声音分别抵达耳膜时才能区分出不同声音，间隔时间大约为"1/15秒"。所有少于1/15秒传进我们耳膜的声音都"只能被当成一种声音"：如此一来，数百万个在1/15秒之内接触到我们耳膜的声波球就"只有一种声音"。不过，1/15秒所代表的（据其每秒340m的速度）已完成路程约为23m。结果就是：在这间大礼堂里，顶棚、地面、墙壁、圆柱、座椅等等所有平面都在借助反弹发射着数不胜数的声波球，而所有这些声波球都源自讲话者的初始声波球，我们可以通过精确的素描图用铅笔勾勒出这些按不同入射角进行反弹的球面。我们把讲话者就画在他演讲的位置上，再把一位听众画在礼堂里的某个位置上，于是就可以再现所有事件的准确画面：一方面是不停反弹并最终传递到听众的各声波球所走过的路线 C1、C2、C3、C4 等等；另一方面是直接传递到听众的直波。您可以首先汇总一下 C1 走过的所有路段：比如是 11m+15m+7m+9m=42m。您再量一下直波的惟一一段路程；比如是 23m。从 42m 中减掉 23m=19m，您就得出：作为"惟一"的声音，耳朵听到的只有直波和 C1 声波。而且全都能听清。再对 C2 进行同样操作；比如是 25m+10m+14m+21m=70m。直波是 23m，70m−23m=47m，您就得出：耳朵可以听到"两种声音"，先是走过 23m 路程的那种；接着是因为要走完70m，所以到得很晚的后一种声音。这时您可就什么也听不清了，因为就是这个"迟到的声波"引起了杂音。不过还有 C3、C4、C5 等等实验要做。这些实验将为您带来或好或坏的结果。

而且还可以对其他位置上的第二名听众、第三名听众等等进行再实验。

您的画面上画满了两种颜色的线条，比如红色表示的是能听清的声波（各种少于 22m 的声波路程）；比如蓝色就是糟糕的声波（各种多于 22m 的声波路程）。

该作决定了：如果说您这座礼堂已经建好了，而且它既能反射如期抵达追寻目标的声波，又能反射到得太晚的声波，那么您就必须"修改"这座礼堂。怎么改？

声波只有在光滑的表面上才能反弹。在众多产生迟到声波的反弹线（蓝色的）中准确找到其中一个起点，涂上一种不仅不光滑，而且还很吸声的材料（比如双面起绒呢）。这一干扰性声波就会深陷到起绒呢当中，被吸收、被干掉；再也不会反弹，也就不会抵达听众的耳朵：它被消除了。重复这种实验。"您就会消灭所有干扰声。"

您还可以通过在声波反弹处钻孔的办法来消灭干扰声：这样它就会穿孔而出，深入到礼堂以外的结构中去，再也不会回来了。这是第二种办法。

您肯定记得，我们曾见到"直波"带给我们的只是一种几乎察觉不到的听觉（很淡的粉色）。而且我们还曾注意到，所发出的声音借助礼堂各个平面所反射的数百万个次声波，其音量会让我们听得更清楚。

所以，我们要对此引起注意：

为了将捣乱的、造成杂音的迟到声波扼杀在摇篮中，我们可以用起绒呢，我们还可以钻孔。这样礼堂就被"修改"好了。但所有这些被我们干掉的声波都是不会传到听众耳朵里的。听众听到的将是一种十分清晰的声音，只是被"弱化"了。弱化到什么程度呢？弱化了 1/4、1/2、3/4。而坐在您这座礼堂的最后排，我们只能勉强听到。要是礼堂太大，那么大部分听众就只能听到模糊的、几乎听不到的声音。

因为您忘了一件事：那就是——我在上面的内容中说过——这座礼堂是根据静力体系（重力、结构定律）或者说根据学院派体系（视觉冲击定律）建成的。事情就是在这里才变得让人着急的：您的顶棚，不是您的朋友就是您的敌人；您的侧墙也不是您的朋友就是您的敌人；您的地面同样不是您的朋友就是您的敌人。而立在听众背后的那堵墙则有可能变成您更关键的朋友或者敌人。很有必要分清它们究竟是朋友还是敌人。

好啦，不管是学院式礼堂还是出自静力学之手的礼堂，都差不多只有作为"敌人"的墙壁、顶棚和地面：诸如罗马的圣彼得大教堂、罗马的万神庙或者巴黎的先贤祠、巴黎圣母院、阿维尼翁教皇宫[①]的接见大厅、绝大部分大学的阶梯教室，以及几乎所有的议会大厅，最后，还有日内瓦万国宫 377 个方案中的 360 个，它们为听觉准备的全都是"作为敌人的平面"。我们都有过这样的经历，在这样的场听得很不清楚。随便看一眼日内瓦国际联盟大会礼堂的平面或者剖面图，我们就知道在那儿是"什么都不会听见"的。

但是有一点我们是知道的："所有的礼堂都是可以修改的。"

我们还知道另外这一点：一间修改好的礼堂虽然可以提供十分清晰的听觉效果，但这种效果有可能被减弱（通过截断绝大部分反射声波）到几乎为零。

"而且这里又出问题了。"接见大厅本来就是为了让听众"听见"的呀。

这就是"超乎寻常"的真理，其建筑学结论"甚至"在迄今用在会议室建筑领域的所有词义中都堪称"革命"。

因为，如果按照"正面"数据而不是负面数据来重温声学理论，您就

---

① LE CHATEAU DES PAPES D'AVIGNON，阿维尼翁，位于法国南部的城市，1309–1376 年曾为教皇都城。——译者注

两间反声学原理的礼堂

2 salles de format anti acoustique

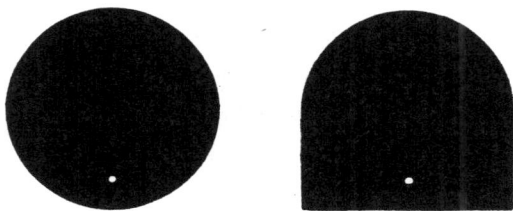

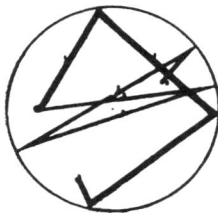 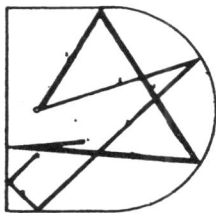

无论礼堂直径是 10m 还是 100m，数不胜数的声波反弹都会造成杂声。
无论平面还是球面顶棚也都会引发最大级别的干扰声

会作出如下推论：

1）直接传播的声音如此微弱，以至于一旦达到 11m 的距离就很难听到了；

2）所发出的声音只有通过反射平面才能传送到位；

3）声波的反射是按入射定律进行的；

4）声波一旦传到（传向）耳朵里就不会再继续它的路程了。耳朵会把它吸收掉。

再说明一点：在大赛评委会做出裁决后的 1927 年夏天，"全体先生"便就声学问题发出了众说纷纭且相互矛盾的各种意见。这个问题从来没有如此尖锐、如此紧迫过；各种观点的混乱程度也从来没有如此之大过。这些错误观点被人当作大棒到处挥舞，却没有任何人作出直接回应。比如一位物理学家声称，超过 30m，声音就不能足量传播了（而我们的礼堂则长达 70m）；超过 20000m^3，声音就无法充满整个立体空间了（而我们的礼堂体积为 40000m^3），等等。

古斯塔夫·里昂先生对其个人所做实验十分满意；20 或 30 年前，执著于声学研究的他在一个月朗风清的夜晚来到了巴黎的塞纳河畔。没有一丝风；水面平滑如镜。他坐上一只小船，溯流而上；他的朋友则坐上另一只船顺流而下。其中一人以正常声音读着报纸；两只小船的距离越来越远。到相隔 50m 时，还能听得十分清楚；到 100m 时还能听清，到 200m 也行，到 500m 还行。最后每人各驶到一座桥下；两桥相隔足有 1500m 之遥；一座桥下的人居然还是能听到另一座桥下的读报之声！

他们调头回返。

俩人相隔 100m 时，一阵微风吹起，把水面吹皱成一张揉皱的丝纸。于是他们彼此就再也听不到了！相隔 50m 时，还是听不到。到 20m 时依然听不到；水面上的波纹竖起了无穷无尽的斜面小墙，把收到的声波又返回到了空中，而且返回得远高于听者的头部位置。这时，那面作为巨大反射平面、上面每一个点都会返回声音的水上之镜，就已经不复存在了。所以，沿着听者的方向，也就不再有什么可以让耳朵听到的声波了。

我说得够多了，足以建成一间听觉效果良好的礼堂了，也足以一举解释清楚希腊剧院的奇迹是怎么一回事了。

所有希腊剧院都有舞台：讲话者就站在台上演讲。

他的声音呈球面形（声波）发出。

随着球体的不断膨胀，听众的耳膜开始与这一球面最细小的部分发生接触（直接听觉）。

讲话者的身后有一堵背景墙。这堵墙是完全垂直于地面的。发射出来的球面撞到了这堵墙上。墙面上所有数不胜数的点又开始以反弹的形式将球面成团成堆地传送到耳朵里。

而在讲话者的身前、脚下，就是乐池平滑的地面。讲话者的直传声波球撞到了乐池的地面，然后以数不胜数的新球面开始按照入射角度斜向反弹，并轻抚到阶梯剧场中的每一级台阶。

笼罩剧院的只有天空；所有数不胜数且布满在剧院空气之中的球面，都会与听众的耳膜发生接触，不停地相互交错，最终都会溜向空中，"一去不复返。"

而要是在剧院上面捫上块遮篷，那么这块遮篷就会"吸收掉"所有声波。所有声波也不会再弹回来。

希腊剧院没有顶棚。只有一堵反射墙[1]。所有声波都被射向了听众。永远不再返回。

还是让我们按照声学的有效原理来建设万国宫礼堂吧。

我们已经为讲话者找好了位置。根据设计要求的必要安排，听众的位置是一层层重叠排列的，前提是保证良好的视线。无论在平面上还是在剖面上，我们要达到的目的全都一览无余：那就是沿着位于一层的礼堂、侧廊以及位于楼上的楼座所展开的多层平面。所有这些平面都需要得到声波匀称、均衡、等量的"覆盖"。

发言席设好了。后面就是高于发言席的主席台，主席背后，就是礼堂的后墙，也就是舞台的背景墙。"这就是反射层。"主席台最先接收到声波球的撞击；随后就轮到了舞台背景墙。

注：
1. 我曾有幸在欧洲各大城市为数众多的会议大厅里讲话，发现在几乎所有这些大厅里，讲话者背后都没有"反射墙"，只有一块装饰极繁的美丽丝绒幕布，其效果就是"把最美妙的声音全部吸收掉"；此外，讲台上的玻璃杯与酒瓶子也成了应邀前来的演讲者因此被无偿耗掉所发声音的无声证人，通常，人们都会出于布置台面的考虑而热心地消除了他所发出的所有声音。

　　经过连续的反复试验，我们最终把我们的听众大军分成了三组。

　　第一组（占据礼堂正厅的所有代表）可由主席台和背景墙的反射效果来"覆盖"。"我们不认为两侧墙壁会马上加入到反射进程中来。"为了获得这种"关键"效果，我们把主席台和舞台背景墙都向内作了弧形弯曲，以便在讲话者嘴里发出的声波球面撞击到内弯的平面上后，再由这些内弯平面（通过反弹）将折射的声波发射波按辐射形式反射出去，并且绝对不会撞上两侧墙壁。所以主席台的正面和舞台背景墙的正面就起到了拦阻射击的作用，从而"覆盖"了正厅和侧廊，把讲话者所发声波球的最大球形区域"运作到极致"。让我们再复习一下那个彩色画面：主席台离得很近，而且面积有限，它所运作的区域呈鲜红色。所以它能发挥极大的功效。舞台背景墙离得稍远，运作的区域呈深粉色；但由于面积广阔，所以舞台背景墙也能发挥很大功效。

　　当我们把我们的主席台和舞台背景墙全都当成排炮、并通过它们有效覆盖了正厅之后，我们就有了自己的炮兵部队。再看这里：在舞台背景墙上面，我们还要再装一堵新的舞台背景墙，该通过它来扫射来宾和外交官席以及更高一层的记者席了。这堵新的舞台背景墙不仅不是垂直的，而且还会呈悬突状地向前倾斜，这样，讲话者发出的声波就会按一定角度撞上它，再按反射定律反弹出去，准确地射向预定目标。这第二堵如此倾斜的墙壁离讲话者更远。它所接触到的就是讲话者球面波的"粉色"表面。它的弹药，恕我用词不当，力量稍弱；而且这第二堵舞台背景墙也比第一堵"大得多"，这样它的粉色覆盖水柱就会丰富得多，最终，接受者——来宾、外交官、记者——就会得到与浇向代表的水量同等的彩色覆盖。

　　还剩下公众席（1000人），坐得很远，要是搁在一般的礼堂他们就算没指望了。

　　没有其他资源，为公众计，只有再修第三堵舞台背景墙了，用来以与坐满正厅和二层楼座听众相等同的条件浇灌他们。那把这第三堵墙放在哪好呢？

　　接着，就放在第二堵墙上面。我们还得将其斜置、内弯，以便讲话者的声波球可以撞击上去、并按我们的意图从这里进行精确反弹。这堵升至极限的怪墙离讲话者很远；它所受撞击的球形区域与前两堵墙接收

支持声学原理的礼堂

salle de format favorable à l'acoustique

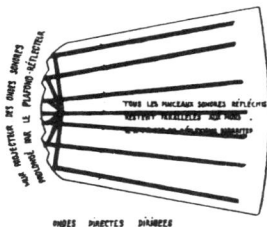

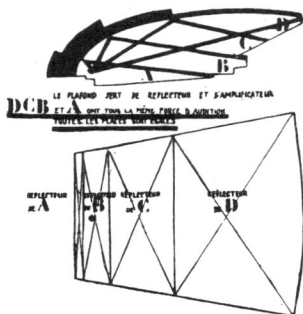

礼堂的形状、尤其是讲话者背后反射墙的形状，把声波像声音
束一般直接导向了听众的耳朵，没有反弹，也没有延迟现象；
反射墙以极限形式连绵发射，直达礼堂最远端到的完全相等，但它的弹药却是极淡的粉色，淡到我们必须大力增加组成其墙面的反弹点数量。不过操作的结果依然是，这种无限增加的淡粉色反弹点所浇灌接受者耳膜的程度会与其他听众所受浇灌的颜色强度完全相等。

　　如此一来，在视觉的第一个点上，听觉效果都会完全相等。这就是最终结果。但更有意思的是，我们如此安排讲话者、讲台与三堵背景墙的位置完全是为了——在这里实现——利用、运作讲话者声波球中的绝大部分，以及最大强度地运作其所发出声波的意图，这样的强度（发出时理想的红色）我们一直将其扩散到了礼堂的最边缘区域，而且是以一种足够强烈的粉色，强烈到坐在底下听到的效果就像两个人在谈话时的效果一样。

　　而在这间宽敞的礼堂里，最后一排听众离讲话者足有 70m 远，可大家依然可以闲谈、交谈，阐述各种思想，而且知道每一个人都肯定能听见。于是，主席台的大喊大叫可以休矣，主席台的声嘶力竭也可以休矣。各个国家至少可以做到"相互理解"了。

　　这三堵背景墙全都是根据距离的二次幂按和声进行的方式递进放大的，是它们最终确定了礼堂的"形式"。也就是说礼堂的形式是由三堵反射墙的和声进行所决定的。声波以拦阻射击的形式抵达，进行直接浇灌，中间不拐弯。理论上我们就去掉了顶棚的作用。通过第一堵背景墙的（平面）内弯，我们把两侧墙壁的干扰降到了彻底闭嘴的地步。对不起啦！我们还要彻底清除这些侧墙的局限作用。它们根本不能建成垂直形状，必须要形成向（纵向）内弯，弯向下面的正厅座席：当已经触到正厅听众耳朵的声波撞击到这些侧墙时，它们必须要将这些声波再次反弹到礼堂地面；其行程不会超过浇灌声波所走过的 22m 的距离。这样耳朵听到的就只是一种声音。

　　最后，这种拦阻射击、这种悉心浇灌，在抵达目标（听众耳朵）后不仅没用反而有害的声波，就会被其目标听众的衣服、被听众席长条桌上的毛毡、被铺在地板上的割绒地毯所尽数吸收。只有撞击到在庄严大会上闪闪发光的几只秃头上的声波会逃脱吸收并形成干扰：但只是有惊无险而已。

　　声学课至此并没讲完。那个初始声波球（深红色的），经过撞击各个平面并形成反弹之后，还会根据所撞材料的发声效果或强或弱地重新上路。但就像用毛毡、用石头或用亚麻做成的一把小提琴一样，不会再"出声"了。所以这三堵重叠的背景墙不用砌得很厚，也用不着铺上很厚的毛毡材料；用一薄层硬质、干燥、能发声的壳体足矣：就像一只共振音箱。

这层壳体要尽可能光滑，以便让反弹出去的声波具有清晰而准确的效果。

那行吧。那行吗？

那行，看一下传统留给我们精神上的礼堂是什么样子吧。当真没有一个是合适的，全都不合适。一切都得从头来。古斯塔夫·里昂先生以其明确的分析（他为此殚精竭虑 40 年），为我们奉献了最基本的声学原理。他的成就远不止于此：他还建起了一座容纳 3000 人的宽敞礼堂，简直就是一个奇迹。他成功改造了希腊剧院，"这回还加上了顶棚。"

* * *

看看这幅巴黎歌剧院的图纸。肯定听得很不清楚，都写在这儿呢。再说另一件事，"可视性"。如果我提出一个原则，即，剧场就该让现场所有人都能看到舞台，那么我就要说：歌剧院的观众席毫无意义。狡辩者反驳道："对不起，它是为让观众互抛媚眼、为审视高级时装表演、为

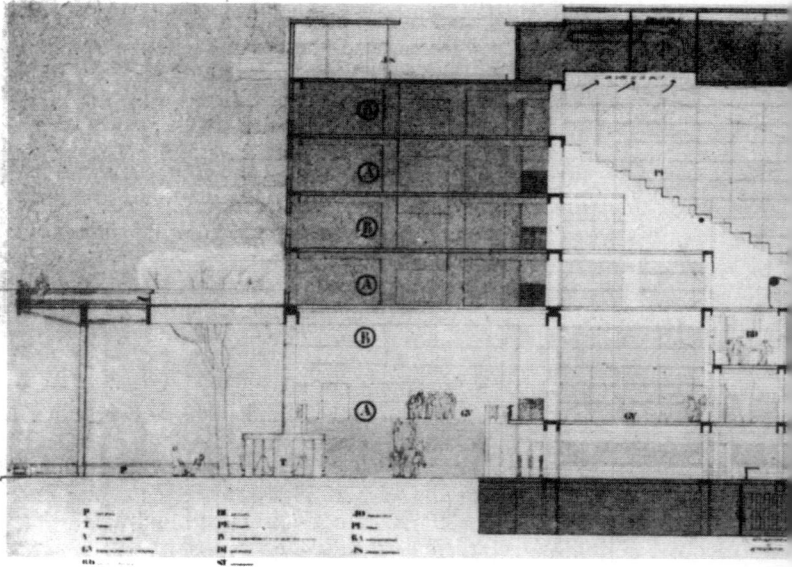

礼堂空气沉淀与臭氧

记者楼厅

码头

冷器片

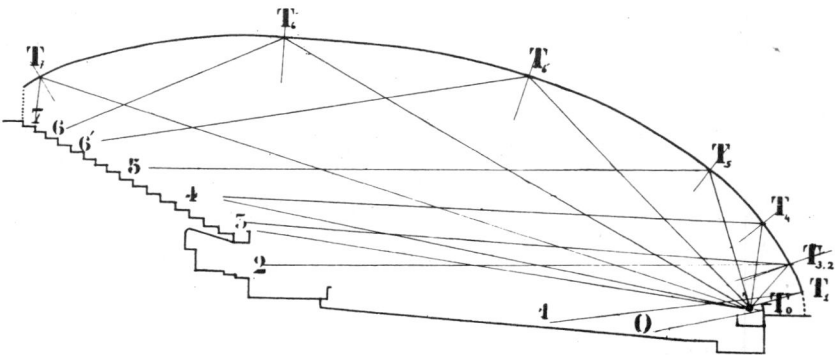

反射墙壁 – 顶棚理论轮廓线，讲话者位置以及听众阶梯业已确定
墙壁 – 顶棚（精确到厘米）被用作反射器并将声波（按照入射定律）一直发送到听众耳中
讲话者 T0 与听众 T7 之间的距离是 70m。
这个反射墙壁 – 顶棚的弧度与静力学定律毫无共通之处

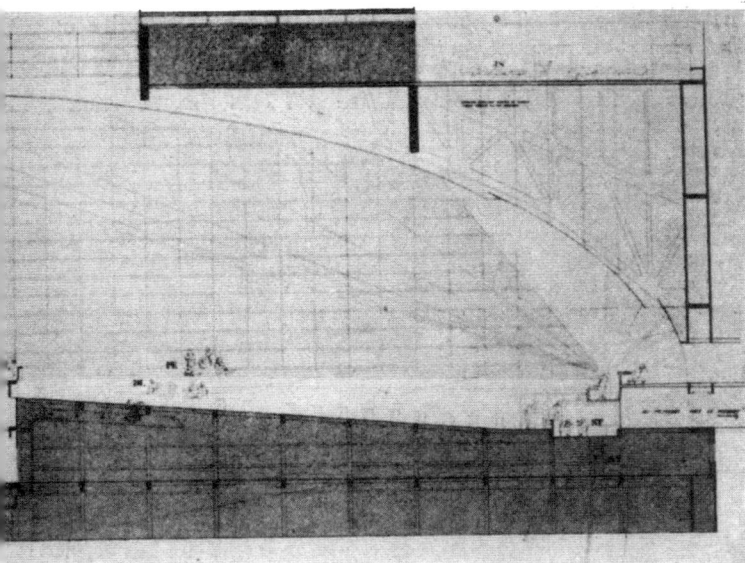

凌驾湖水之上的
悬空花园

跨度70m的半圆
桥拱

声波反射悬吊墙
壁－顶棚壳体

主席专用门

可以通到主席馆
的休息室

↑ 代表入口

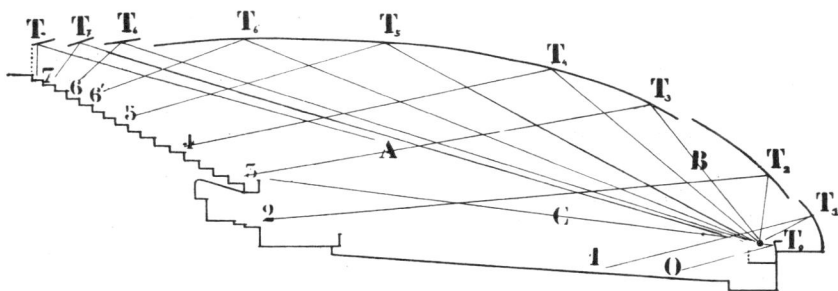

$$(A+B)-C < 22\,m$$

墙壁－顶棚的理论弧度已经得出（见左图），这一弧度被划分成好几个点，各段都据此有所降低，以保证礼堂的整个高度与大楼高度相符，而大楼高度则是由各委员会附属楼的楼层高度限定的。简而言之，弧度保持不变（保持相同声波反射效果），但礼堂高度降低了大约6m

拼出花哨的低胸女装和各式男装镶嵌画而设计的：演出其实是在观众席里进行的。"那好，那就什么也别说了。

在日内瓦，我们终于满足了对可视性的设计要求。我们那种不知悔改的打破砂锅问到底的欲望驱使我们这样说道：每个人都应该看得足够清楚。年轻的时候，我们就在各大城市的剧场观众席里体验过"穷人座位"是怎么一回事了，坐在这样的座位上，什么也看不到。我们到现在都记忆犹新。

如果要让我分析可视性问题，我打算先把有关结构与声学的所有顾虑全部扫清，我还会做到，让每个人不仅"面对"表演坐得舒舒服服，而且还要看得清清楚楚。这就要说到曲线梯形的形状问题。首先必须做好分流工作，这也正是设计要求所要表达的内容，仅靠这种分流就可以完成大会会议所要完成的议程。

正厅里坐着来自各个国家的400名代表，部长们夹着厚厚的卷宗，一份份文件铺满了宽大的会议桌。这些高官的入场门就设在正厅下面的左侧与右侧；入场门的通道还能一直通到大会主席的办公楼；这个办公楼就是国联大会的最高司令部。大会主席在秘书长的协助下主导着会议的进程。他要主持辩论，还要控制大会局面。他会沿着礼堂主通道走到入口的另一面，走到全场最重要的位置点上。在随行人员的簇拥下，大会首脑的骤然出现立刻引起全场肃静。只是建筑学的一己之力便让此举顿显庄重。

主席台正面朝向礼堂听众席；主席的会议桌外立面被精确打造成了凹形，成了桌子下方演讲人的理想传声筒，同时也是整个礼堂的关键点；主席桌的外形、包括它的轮廓与材料，都以一种锐利的匠心表明，这里才是整个礼堂最有影响力的核心。让我们再重申一下决定了礼堂形状的声学草图上的各项指令：还记得决定会堂形状的声学放样曲线吗？这正是几何的轨迹，他在一群数学的线段中，收集了由2600座组成的听众席的所有点，将其传送至此焦点（讲坛）。从此焦点，声波由三面布景墙（屋顶－反射墙）准确无误地传播至线段的另一端——听众。这样的曲线轨迹的确是数学的结果：上面每一点都是确定的。

在正厅的左右两侧，我们还建起了被称为"职员席"的观众台；能容纳400名职员。主要是秘书、助理、部长随员、助手。他们必须要同时看

夏尔·加尼埃①作品　　　　　　　　　　　　　　巴黎歌剧院

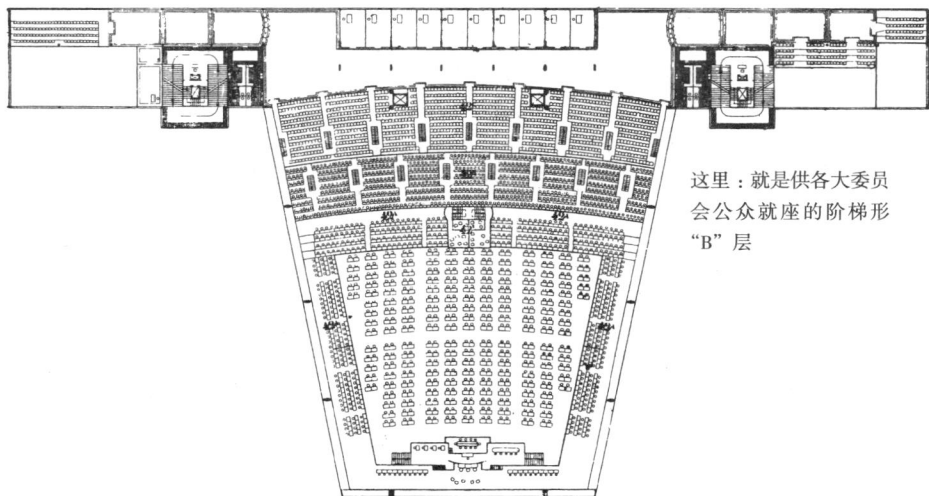

这里：就是供各大委员会公众就座的阶梯形"B"层

听众席总平面图（2600 名听众）

_____

① CHARLES GARNIER，1825–1898 年，法国建筑师。——译者注

见他们的头儿和讲话者。

面向讲话者以及主席台，我们安排的是外交官席和应主席与秘书长之邀前来与会的来宾席。

这里就是整个国联大会综合体的至高无上之处。

然后还有其他事情。那就是，除去大会以外的另两个外部要素，其中一个十分重要：记者；600名记者均享有完美的可视性与最佳的听觉条件。他们应能看到一切、听到一切；还拥有以最好做工按最佳办公配置装配的座椅与会议桌。这群世界各地的新闻工作者还需要出入方便，同时又不能打扰大会的工作；他们要出去打电报、还要赶往与礼堂直通的秘书处信息部（通过其中一条通道）。他们还要有自己的客厅、休息室，可以在那里与新闻同行进行必要的信息交流。

最后是另外一个要素，那就是所谓的"公众"，这一千名听众从意识形态上代表着普选阶层与当家做主的公民阶层。说对了！瞧，他们就坐在这里，不仅不再是昔日的穷人席，而且对全场一览无余；每个座位都与其他座位的与会效果分毫不差。而且正是他们的阶梯座席将受到宽大的第三堵声音反射背景墙的浇灌。高高在上的他们不仅可以看到一切，而且还可以像坐在离讲话者两步之遥的前排代表一样听得无比清楚（此后有普莱耶音乐厅为证① ）。他们也享有专属他们的休息室出口。

后面我们还会看到，我们是如何解决职能如此迥异的各类与会者的出入问题的，又是如何通过完美分流培养起自行出入的井然秩序的。这里的情况与解剖学好有一比：打个比方，就像我们必须在绝对密封的条件下为机体不同部位注入空气、血液、食物等等一样，并且绝不能把区别巨大的各种元素混在一起。这其实是一件卓绝的城市设计工作。

遵循不同分流需求，为满足完美可视性的要求，不同类型的听众被小心地安置到了各自的听众席中，这就决定他们所占面积必须要有明显的起伏；这个面积恰恰就是听众耳膜的集合面积；"这样一种特性起伏——不同平面——将会，我们已经看到，成为礼堂不同声学形式的决定因素"；对此必须仔细考量，起伏确定以后、讲话者位置确定以后，设计图自然会给出结果：礼堂顶棚也就功到自然成了。

---

① 　LA SALLE PLEYEL，位于巴黎第7区的交响音乐厅。——译者注

　　不过，这个精准的平衡体将合成为一个单一而且惟一的外包装，并且还要满足可视性、类型划分、室内通道、听觉、照明、最后还有结构（建筑的稳定性）的所有要求，这个精准的平衡体在此将表现出一种巨大的简单性，参加大赛的任何一座礼堂都远不能达到这种简单性，只有通过连续不断的摸索才有可能做到。

　　而之所以我们能够和谐有序地达到这种简单性，那是因为，我们对这其中的每一种要素：与会者分流、可视性、通道、听觉、照明、结构，全都做过彻底分析，并予以各个击破，只有在"解决"条件得到满足时才将其一一合在一处；而解决办法其实就存在于完全的简单性与完全的效率性之中。

＊　＊

做好礼堂照明

　　国联礼堂的年度会议是在每年最宜人的 9 月于日内瓦举行的。景色无限美好，阳光灿烂明媚。各种会议从上午开到下午。我们不能——因为我们还有办法可想——也不应该强迫大老远赶来的这 3000 人远离阳光，就着灯光躲在暗无天日的礼堂里。室外如此和谐的自然美景，绝不能一进室内就骤然灭失。在这座本已充满争论的礼堂里，一定要让他们感受到怡人阳光的恩泽。阳光必须和煦地照耀国联的大小会议。阳光也正是生命体的命脉所在。夜幕降临之际，如果说，我们能够坦然接受人造强光的抚慰，那么，我们就势必能够承受阳光普照时分的明艳亮丽。想像一下地铁行驶时的印象吧；您总记得，当地铁驶出隧道时，您是如何礼赞重现眼前的太阳的。

　　由此，我们决定把点缀礼堂梯形形状的两堵侧墙砌以玻璃砖，而弃用不透明的方石砖。要想让人明白，我还要再解释一下我们这座礼堂的构造：

声学原理驱使我们把这座礼堂设想成一个被我描述成具有生态性（这个词汇不够精确但却很能说明问题）的有机体，以与重力定律对建筑者提出的静力体系要求形成对照。

这座礼堂的顶棚跨越了 70m 的跨度。太大了。我们本想多用几个穹顶来覆盖这个空间；而且还是假穹顶，里面填满了废铁，因为光靠石头做不出这样的穹顶。而且还想把这个穹顶（你会觉得十分宏伟）建在一个以"水平面"为基准的地方。既彼此矛盾又不相符合。我们还想在礼堂顶部种上花园呢。

于是我们构想了一种我们所能想到的最简单体系：两个半圆桥拱，其底部依托在湖面一侧墙基之上的听众席后面，起到连接作用，其顶部就安放在钢筋混凝土的桥墩上，在与各委员会附属楼连接处作风撑加固，下面垫以钢辊，用以消除张力。另有三个支架横在这两个桥拱中央，以在侧墙墙基之上起到连接作用，并将露台屋顶细分成不同可用区域，诸如餐厅、露天咖啡馆、花园等。

正是在这里，静力解决办法与建筑整体形成了同步性。桥拱必须使用，而且要足量使用，它的形状恰恰就是"我们礼堂顶棚'生态'形状的外包装"（我们重叠设置的三堵背景墙）。这都是需要我们发明创造的。目前正在计算多纳赫①灵性化礼堂非凡穹顶的首席工程师在我上次去他工地参观时（为了解情况，因为他的问题是一个比较罕见的难题）跟我说："您的剖面（礼堂结构）堪称一件简单性的杰作；是哪个工程师告诉您的这个原理？"我回答说："常识为我的创意插上了翅膀，由于我们既不像'学院派'、也不像'现代艺术派'那样去思考问题，解决办法自然就会自己冒出来了。"

这样，这座宽大的礼堂没有耗费一厘米材料就被封了顶。这确实是名副其实的节约型建筑。我们这座礼堂的顶棚就是用一层厚度为 2-3cm 的石膏与废麻混合物做成的。我们所有的侧墙都是空旷的，除了自己，不用负担任何物体。我们要用砂模浇筑的巨大玻璃砖砌墙；并

---

① DORNACH，瑞士北部小镇。——译者注

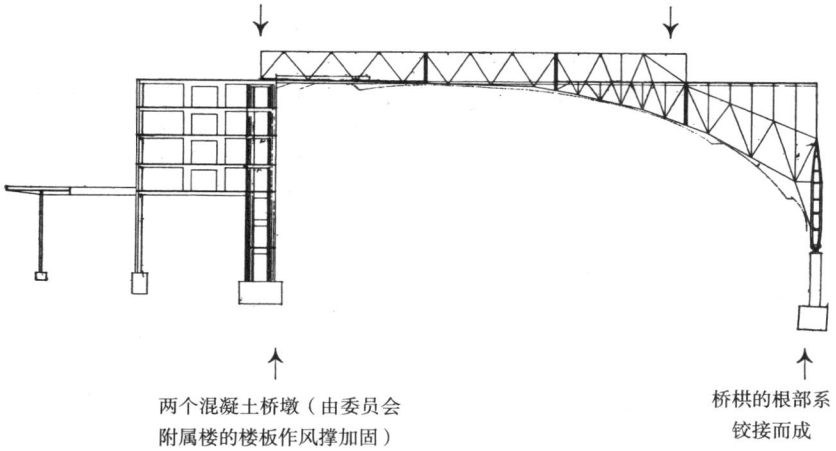

这里的桥拱可以通过滑轮滑动（张力所致）

跨度 70m 的半圆桥拱

两个混凝土桥墩（由委员会
附属楼的楼板作风撑加固）

桥棋的根部系
铰接而成

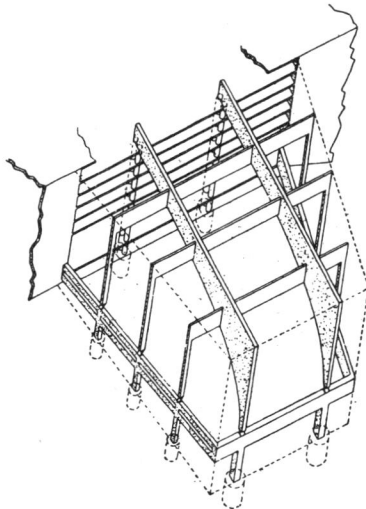

宽大的礼堂覆有带餐厅的花园屋顶。两个由三座横向支架作风撑加固的半圆桥拱形成
了整个顶部结构。底下的 8 个点为连接点。上面的两个点可用滑轮滑动

在其外立面作出抛光，令其光滑如镜；它们将在四周风景中熠熠生辉，在阳光的照耀下闪闪发光。光滑而闪亮。其半透明的墙体将阻断直射阳光并形成散射。室内，我们还要再竖一堵亚光玻璃墙，外罩柔软的铁丝网，间隔 1.5m。到了冬天，两层透光隔板之间的这段空隙还可以用来为礼堂供暖，后面我们会看到怎么做。这层空隙还会为我们提供更多用处，我后面再讲。

　　最后再讲一下礼堂的结构，我们从剖面图上可以看出一点：那就是绝对不存在任何对如此巨大空间构成重大威胁的侧压应力。2600 名听众形成的负荷被最简单不过的钢筋混凝土装置善解人意地吸收殆尽：多根垂直放置的小支柱承载了全部的垂直负荷。最后再说说礼堂的照明问题：白天，是充分而明亮的阳光普照。晚上，是装在间隔 1.5m 的两层玻璃墙之间的好几排照明灯。它们以最小的密度形成了亮如白昼的照明效果。全部由中央控制台控制。如果必要，这个控制台还可以连接到演讲台；可以任意调节演讲台的光线亮度，或渐强或渐弱：演讲人手边就有一个灯光控制器。他还可以随意让光芒照遍整个听众席，形成一种强烈的生理感应，人人有份……而讲台的影响力就在于此，也许，还不如把控制台与演讲人的连线断开呢！

＊ ＊

礼堂的供暖与通风

　　礼堂内部的容积足有 40000m³。礼堂经营者将以 18℃的室温迎接各位来宾。那么，来宾抵达了一个、两个或者四个小时之后呢？人群从

通亮的照明

éclairage étincelant

白天
de jour

夜晚
de nuit

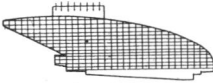

DOUBLE MEMBRANE ISOLANTE EN DALLES
DE VERRE A L'EXTÉRIEUR GLACE BRUTE POLIE
UNE FACE

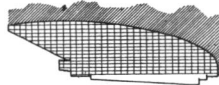

A L'INTÉRIEUR GLACE DÉPOLIE RAMPES
ÉLECTRIQUE ENTRE LES DEUX MEMBRANES

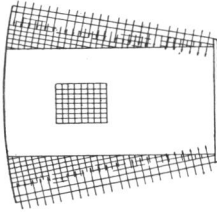

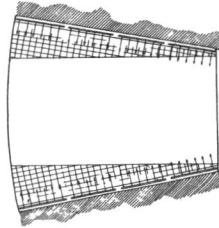

礼堂双墙之间的水平剖面图

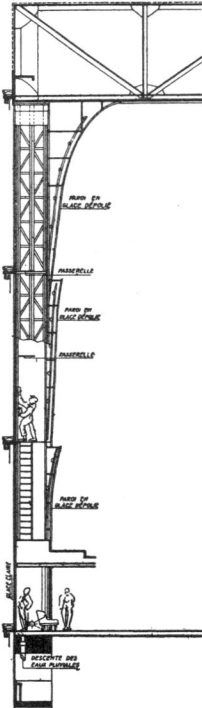

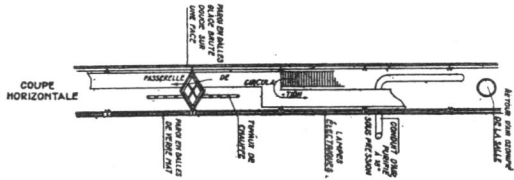

礼堂双层隔板之间的纵向剖面图，外墙为外立面抛光的玻璃砖，其内立面则进行磨砂处理；相隔 1.5m，就是第二面毛面玻璃墙。外墙外立面的清洁由一种类似秘书处那样的系统完成。两层玻璃墙之间的间隔可以用作垂直和水平的通风管道，接通通风管罩，再安上照明电灯；只有在这里才能进行超温加热，礼堂里面就不用加热了

肺里呼出的大团热气温度为 37℃，这是一种带有水蒸气和碳酸的气体。到会议快结束时，屋里就会闷热潮湿得让人窒息，特别是在礼堂的高层座席。

而一位认真的经营者，则会通过适当的通风来清除室内的污浊气体，将其排到室外；再持续引入加热到 18℃的纯净气体。但这种只有好心经营者才会去尽的义务却会让他付出极高的代价，所以他宁愿让客人呆在污浊但却够热、甚至过热的空气中。

我们所咨询过的那些顶级大公司的技术人员告诉我们：“是这样，我们必须要用鼓风机把 18℃的纯净空气引进你的礼堂，然后每隔三刻钟排一次气，并再次引入新的 18℃纯净空气。而从外面抽取的空气很可能只有 0℃，甚至是 –5℃或者 –10℃。这是多大的花销呀，得用多少煤呀！”

我们是从（以前从一个寒带国家的一个规模小得多的项目中获得的个人经验）消除礼堂墙壁的制冷能力开始入手的。前面我们说过，礼堂侧面有两层玻璃墙壁，彼此相隔 1.5m；而我们朝向湖面一侧的墙壁则是两层砖墙，中间同样留有 1.5m 的空隙。

“我们要强力加热”的就是这个 1.5m 的空隙。还要把 18℃的空气引进我们的礼堂。这个空气就是室外的空气，先要经由一组组暖器片加热一遍；然后它自己才会按照密度定律自动飘离，顺着礼堂顶棚飘进会场，所到之处，空气中的碳酸钾会让过量的碳酸沉淀下去，臭氧发生器会重新组合其中的有用元素，而这一切始终都是通过两台大功率鼓风机完成的，其中一台安在礼堂顶上，另外一台安在礼堂下面，然后，空气又顺着安在两堵玻璃墙之间的风斗，飘进下面的加热或者“冷却”室。因为，完全有可能，在室外温度的作用下，在双层隔断以及 2600 名听众的呼吸作用下，这个空气变得过热。

于是，礼堂内的空气“一旦”加热，此后，我们“只需”在其经过冷却器或者加热器时将其保持在 18℃，然后将其再次输入礼堂。这是多大的节约。

我们的朋友古斯塔夫·里昂先生向我们推荐了他的空气分配法，号称：“定时通风法”。

chauffage

通过定时通风法完成的 "加热"

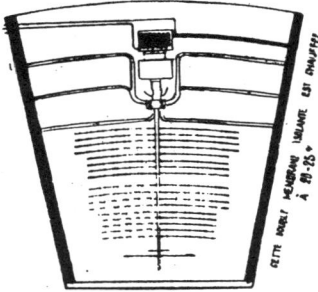

1° LES ESPACES DE 1°50 DES 2 GRANDES MEMBRANES, ISOLANTES
SONT CHAUFFÉS À 20-25° « CUBE RESTREINT ».

2° L' AÉRATION PONCTUELLE NE TRAITE PLUS QUE DE L' AIR EN
CONSTANTE PURIFICATION, N' AYANT PLUS BESOIN D'ÊTRE
CHAUFFÉ · ÉCONOMIE CONSIDÉRABLE DE COMBUSTIBLE ·

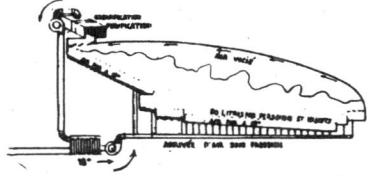

从这里可以看出，恒定温度的净化空气
是如何分配的

从这里可以看出，下部鼓风机制与上部鼓风机制
是如何形成空气流通的；我们看到，污浊空气云
被抽到空气净化与再生室；在下面，我们看到暖
气或冷气片以及将空气推入礼堂的过程

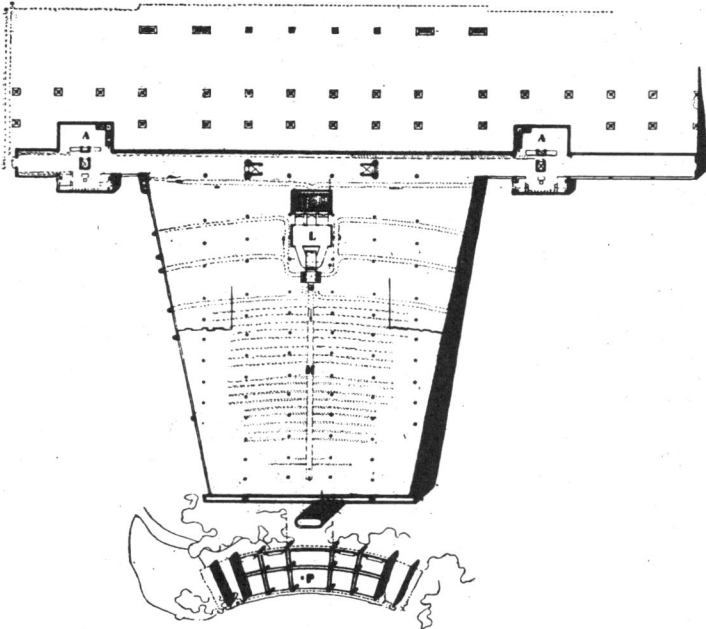

位于礼堂大厅下面的商店平面图

原理如下：每位听众每分钟要从口唇位置吸入大约 80 升空气。这个空气必须是纯净的，恒温 18℃。一旦这个空气被吐出，也就是飘到了听众头部以上的位置，它就没用了。所以，在整个会议期间，就要始终保持有 80 升的纯净空气经停每一位听众的口唇一带。那么如何才能自动完成这样一个过程而且没有损耗呢？

我们会在礼堂下面的暖气或者冷气室出口处安上一台空气推进鼓风机，再把它与设在正厅和各级台阶下面、垂直于每列座位的主排风道接通。从这里，在每一列座位下，再逐排接通一条副通道。于是，在每一个座位底下，就都有了一个能旋拧调节空气流量的管口，伸出到地板上面。把空气流量就调节到每分钟 80 升；这样，每位听众都会享受到他那一份纯净空气。

废气会飘到听众头部以上的位置，温热而污浊；它会碰到随着三堵重叠背景墙前倾的顶棚。不过，安在礼堂上空的大功率鼓风机会把空气抽走：污浊的空气云会顺势沿着倾斜的顶棚，经过在第三堵背景墙上方形成的这种共鸣效应空隙（这些共鸣空隙其实就是一种手段，目的是升高第三堵背景墙的弯曲位置，因为我们不得不把它建得过低；这种在水平剖面上做出并列排放的设计，同样也是为了避免主席台后墙过深的凹陷），涌入我们前面提到的净化和再生室。

这样一来，由第一台鼓风机喷入礼堂的净化空气，在被吸入沉淀与臭氧室并接触到暖气与冷气片后，就完成了一次完整的循环。

我们宽厚的玻璃墙将礼堂与室外的冷空气完全隔绝。

需要补充一点，到了夏天，冷气片就会启动，运行同样的空气循环，按所需温度将清凉空气供应礼堂室内。这就是科学为这个建筑学事物带来的好处。

*
* *

这就是有关我们这座礼堂、这个集可视性、听觉效果、人员出入功能于一身的有机体总体设计的粗略介绍。其结构特征、声学特征、供暖及通风系统都是通过一幅巨大的剖面图透彻地表现出来的，图上的各种颜色还进一步增强了展示效果。

当一位建筑师画好了一幅类似的剖面图时，我们就可以确定，他已经"把问题的方方面面都想到了"：这就是一幅解剖学上的剖面图。这样一幅剖面图意味着：也许明天我们就可以开工了，因为万事已经俱备。

可是在日内瓦，他们却揪住我们这幅剖面图不放！"那些工程师们"，他们这样写道："那些人根本就设计不出一种宫殿式的尊贵品质，达不到预想作品的那种高度！"在14km的平面上，我们中惟一（除了一个或者两个方案）以一幅展示性剖面图来表现我们感到强人所难的各项任务的。其他方案中的剖面图展示的都是他们主观臆想的礼堂装饰，石膏、大理石，还有镀金材料什么的。可恰恰是这些东西让国联礼堂倍感兴趣！

＊＊

交通流线，人员出入的尖锐问题

某种意义上，万国宫里一共有四种工作。

一种日常性工作："秘书长"与图书馆的工作。

一种断续性工作："没有公众参与的小型委员会和有公众参与的各大委员会的工作"。

一种季度性工作："国联理事会"。

　　一种年度性工作："国际联盟大会"。

　　每一种工作都要确定明确的场合，都要求密闭的隔断。

　　如果不以极度的严谨加以划分，那就会形成现在改革大会堂①或者民族饭店②里国联秘书处那样一种混乱不堪的局面。

　　在某些时期，比如9月的大会期间，国联的工作进入高峰期。所有代表团都会齐聚日内瓦。

　　每个代表团都包括一个由秘书、良莠不齐的助理、职业外交官组成的班子，都是人精。所有人都会在一定时候聚在一起或彼此争斗或相互勾结。各委员会就开始审议一大堆的问题；最后，成群结队的秘书和打字员军团就开始在绝对密闭的环境中奋勇鏖战了。

　　在此期间，秘书处的各项日常工作还要照常进行。

　　图书馆向每一个人开放。

　　秘书处的500名职员鱼贯而行——在我们的方案中——经过洛桑公路一端的一翼，下到他们的衣帽间与盥洗室，再由横跨半空的秘书处大楼内登上那里的两组楼梯和电梯，进入各自的办公室。他们的自行车、摩托车就放在了这幢附属楼下的车库里。

　　再说说各部室的头头，全都是重要人物。他们穿过高高的大树林，经过风景如画的柱廊，进入秘书处宽大的门厅，所有的小型委员会、图书馆、邮局都在这里。来访者走的也是同一条路。他们的汽车都要驶进位于树林边上的这个70m长的码头；然后，再沿着单行线开上一段，从横跨半空的秘书处大楼下面驶入。接着，所有汽车均驶入左侧架空层下那个设计要求中提到的容纳100辆汽车的开放式车库里；或者是右侧位于图书馆下面能放25辆汽车的封闭式车库里。

　　需要回城的汽车则可以继续其路程，从横跨半空的大楼另一端驶上缓坡，既不用错车也没有交叉口，一路直抵洛桑公路。

　　分散在秘书处各幢大楼内的来访者以及高官们，走时可以通过电话来呼叫自己的汽车。这时，他们的汽车驶出车库，经单行车道驶至位于基准面上和楼梯与电梯出口处的门厅，再按顺序排队；然后继续沿单行车道经

---

　　①　LA SALLE DE LA REFORMATION，1867年建成于日内瓦。——译者注
　　②　HOTEL NATIONAL，位于日内瓦市中心，建成于1875年。——译者注

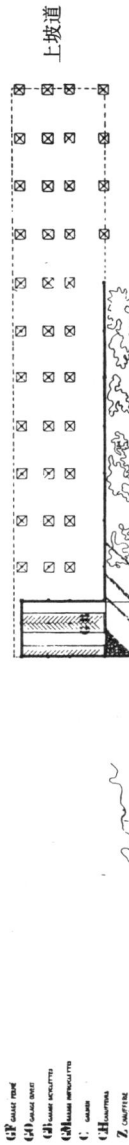

S.d.N.
2

GP GARAGE PRIVÉ
(P) GARAGE DIRECT
(P)M GARAGE MOTOCYCLETTE
C GARAGE
(H) CHAUFFERIE
Z CHAUFFERIE

自行车库

架空层下停放
25 辆 汽 车 库 的
封闭式车库。
摩托车库

架空层下停放
100 辆汽车库的
开放式车库
（单向出入）

上坡道

锅炉房

下坡道

秘书处车库平面图

地面不作任何破坏性施工。而场地的倾斜面正好为车库内外的单向出入提供了条件。
整个场地光线充足而且风景如画

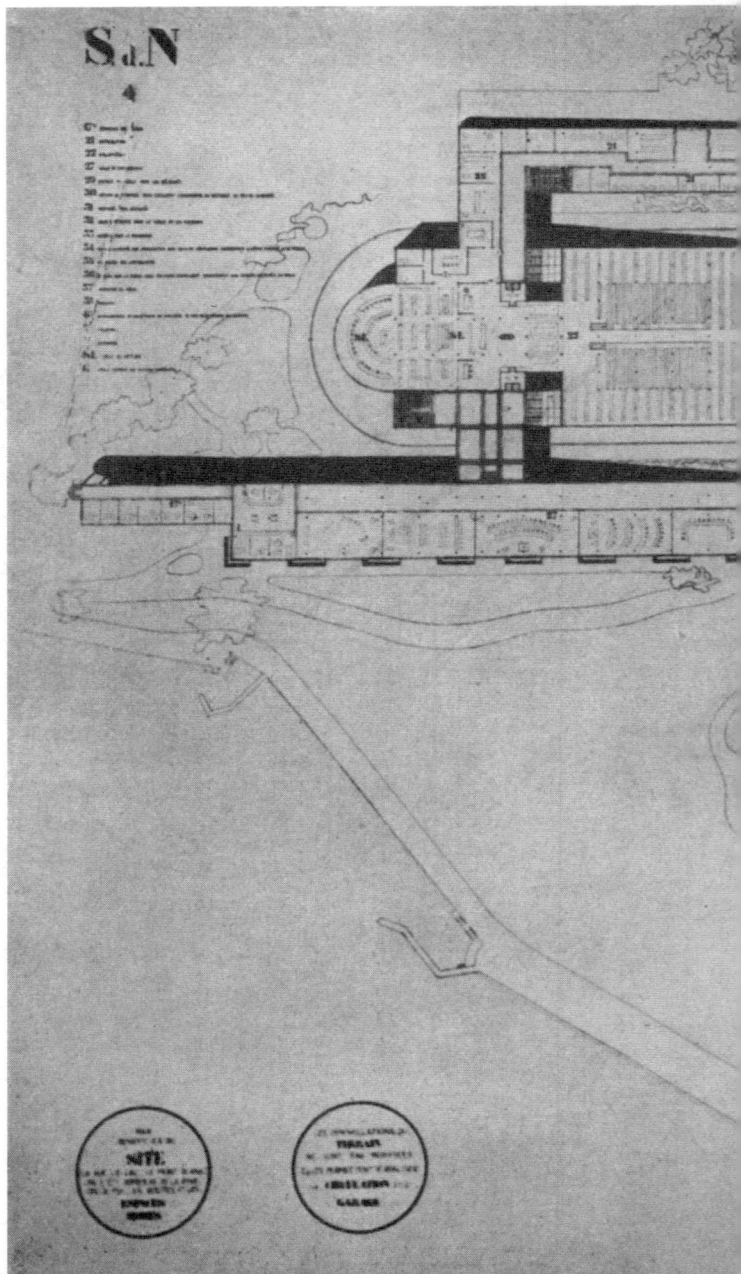

寄件处

图书馆

小型委员会
（非公众）

基准面总平面图
阴影部分表现的是利用地势形成的斜坡

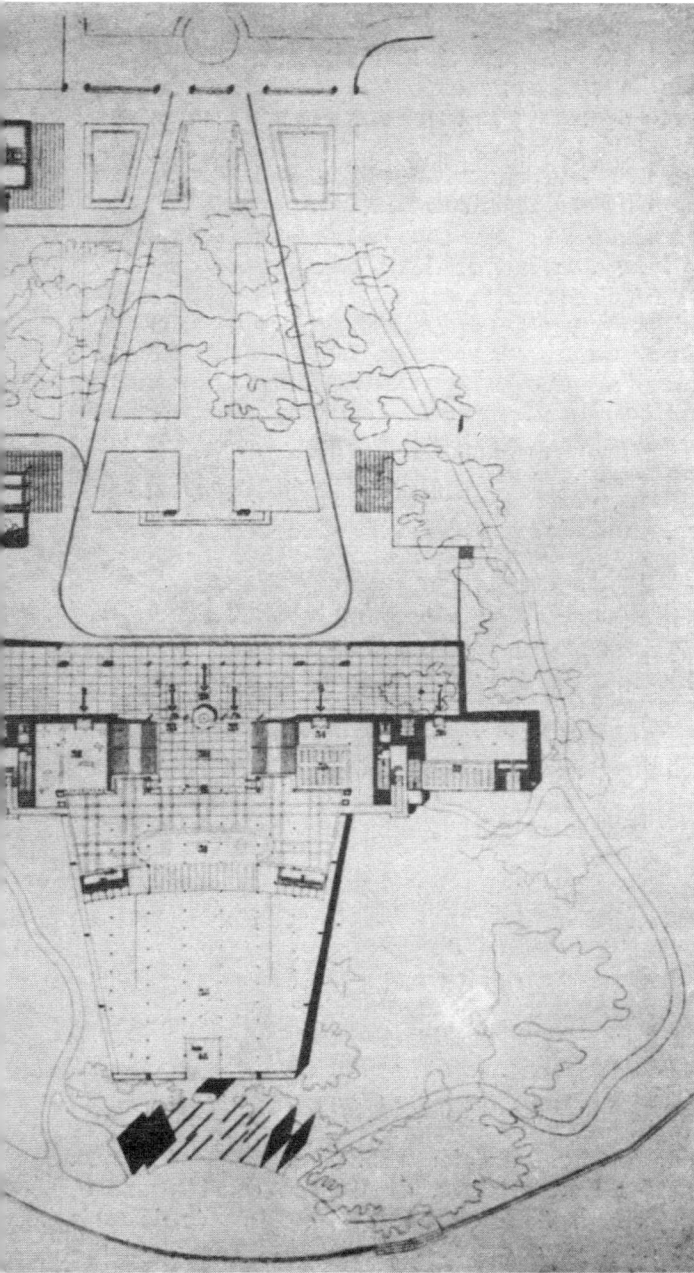

高大树林及单行车道

秘书处码头

配备 7 个入口的大礼堂码头

衣帽间与盥洗室（直接进入、光线充足）。每间衣帽间都配有专用楼梯，听众可由此进入礼堂

商店

主席馆底层架空柱与专用电梯

出口驶出。

这里还有一家公众性大型委员会的总部、理事会总部：要抵达这里，各国要人需要先经过梦乐泊公园、再穿过铺设在秘书处楼下的花园，最后来到沿大会礼堂大楼最大附属楼修建的 140m 长的大码头旁边。

事实上，这座附属楼以高达 7m 的三个楼层容纳了所有公众性大型委员会以及国际联盟理事会。

还是让我们想像一下一次全体大会会议的情形。几分钟内，2600 人就会全部到齐。

还不乱得难以形容？不会。

140m 长的码头可以停下所有沿单行车道驶抵的车辆。

码头离地 10m 覆有巨大的挑棚，这个挑棚同时也构成了礼堂的记者楼座。码头水深 17m。

这里人头攒动。此刻奇观乍现：所有的一切都交织在了一起。

不过，沿 140m 长度分布的 7 扇大门可以将人群自动分流。您还可以让佩戴不同颜色胸卡的与会者从不同的门出入。

大楼中心里，代表们也是人头攒动。

但左侧和右侧都有客用大门。

再左边还有一扇记者专用门。

再右边还有来宾专用门厅。

两端还有供公众出入的大门。

现在我要向你们解释一下我们与众不同的楼梯分布，因为，准确地说，人员分流的秘密就在于此。

大型委员会及大会理事会所在的附属楼和礼堂背后的衣帽间，都是由高 7m 的三个楼层构成的，我们称之为楼层组合 A，它又细分出了一个 3.5m 高的半层，我们称之为楼层组合 B。

分成两个阶段的宽大楼梯，每一阶段的横斜面均为 7m、宽度为 3m，每次爬行高度为 7m。但在这一巨大高度之下，我还可以加入第二部楼梯，形式完全相同，其中第一阶段先接通 3.5m，后面的另两阶段每次再接通 7m。

ESCALIER
A TRIPLE
EFFET

CLASSANT
LES DELEGUES
LE PUBLIC
LE PERSONNEL
LES EMPLOYES
1 ASCENSEUR
1 MONTE CHARGE

大楼之内连接国联大会、国联理事会、大型委员会的通道（人员自动分流）

纵向剖面图（这张剖面图以及通道前头全部头全部同颜色，令人一目了然）

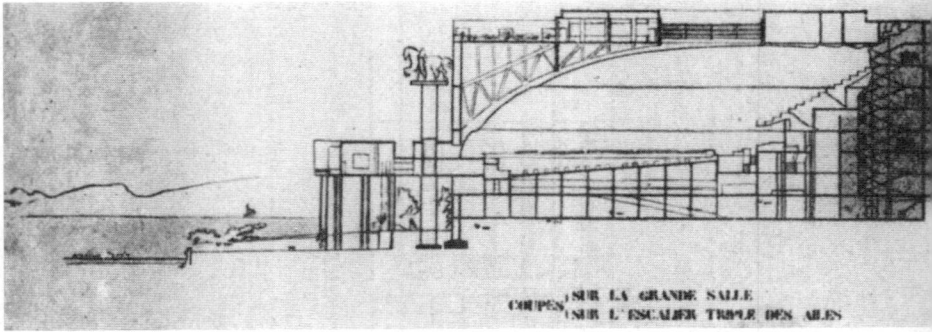

COUPES SUR LA GRANDE SALLE
SUR L'ESCALIER TRIPLE DES AILES

大礼堂的侧剖面图；这里可以看到两组楼梯中的那组套装楼梯（两组楼梯共有三部，其中一组有两部）和两部电梯以及货梯的走向

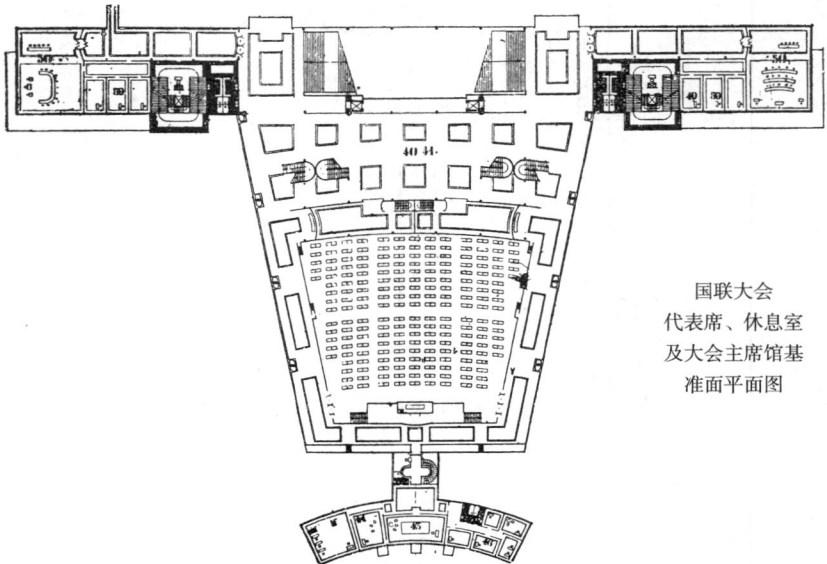

40 44

国联大会
代表席、休息室
及大会主席馆基
准面平面图

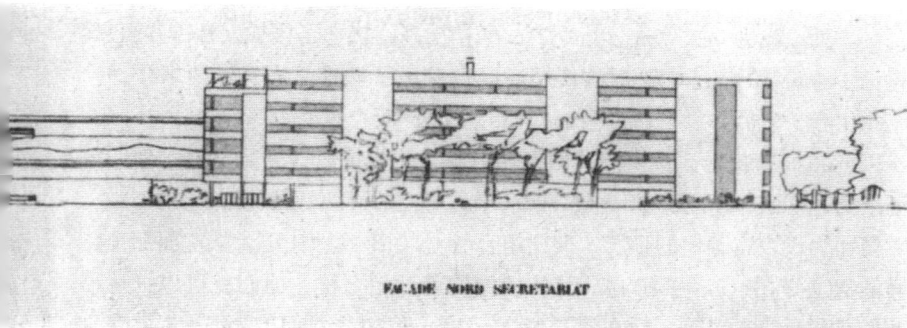

FAÇADE NORD SECRETARIAT

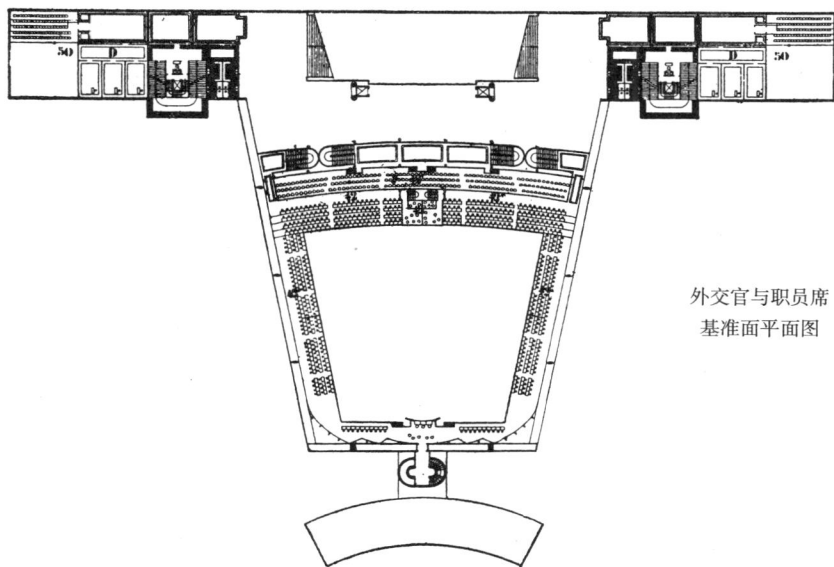

外交官与职员席
基准面平面图

　　一方面，我为 0m、7m、14m、21m 的楼层高度接通了楼梯，另一方面，我还为 $3^1/_2$m、$10^1/_2$m、$17^1/_2$m 的楼层高度也接通了楼梯。而且这两组楼梯还彼此相套；它们并没有占用两部楼梯的空间，而"只是一部"。

　　因此，如果我想让代表们从右面始自零层的楼梯阶段开始上楼，他们就可以到达零层、7m 层、14m 层、21m 层，对应的恰恰就是礼堂、委员会、理事会和为代表席预留的顶层（楼层组合 A）。如果我想让记者从左面那个同样能接通零层、7m 层和 14m 层的楼梯阶段开始上楼，他们就可以抵达为他们预留的 7m 楼层；而在零层和 14m 层，一如在他们的 7m 层（就在他们的休息室一端），经守卫人员同意，他们还可以接触到委员会、理事会和大会的所有代表。

　　如果我想让公众从接通 $3^1/_2$m、$10^1/_2$m、$17^1/_2$m 楼层的楼梯阶段开始上楼，他们就能走到 $3^1/_2$ 层，那儿有一个宽大的阳台，可以看到大会代表的休息室（但是不能直通）；低层门厅位于 $10^1/_2$ 层，而高层门厅则位于 $17^1/_2$ 层，从这里可以经由出口直达预留给他们的阶梯席。

　　现在，你们可以在这幅平面图中看出，就在这部起到双重作用并正好节省一半空间的楼梯里，还有另外一套楼梯组合。这部楼梯不仅可以抵达任一楼层，而且两套楼梯都能上到 $3^1/_2$m 楼层。楼梯的每一层都有守卫人员执守；楼梯的入口平台正对每一层的大电梯，而且可以一直下到地下的仓库层。在那里，大楼两侧都配有基层职员门厅，他们都是从最大附属楼的左侧或者右侧进到这里（隶属大会、理事会、委员会代表团的打字员、秘书，他们只在日内瓦停留 8 天、15 天、20 天）。这些基层职员以及守卫人员均可以由这里经电梯或楼梯去到大楼各处，这座大楼面向汝拉山（西侧），楼里遍布供各代表团使用的办公室。最后，楼下还有一部快速电梯，左右两侧都挨着宽大的贵宾门厅，大会代表"休息室"里也有一部同样格局的快速电梯。这两部快速电梯都是为隶属各代表团的高官们准备的。这些高官——外交官员、技术官员——就是作为联络官专门辅佐代表团团长的；他们从礼堂里与楼内各处进行联络，传递信息。

所以，平面图（为我们雪藏了一部双重作用的楼梯）和剖面图（向我们清晰展示了两套楼梯机制）就这样分别从大楼附属楼的两边显示了一张垂直交通网，每一张交通网都可以通过"每层仅由一名守卫控制的惟一一个垂直中轴"集中5大通行元素；所以，两张交通网彼此遥相呼应，就形成了"10大垂直通行元素"，每到开会时，都可以为复杂至极的一系列人员流动问题提供自动的、必须的、强制性的、无需任何监控的分流手段。

我们确信，相对于万国宫的所有需求而言，这样就一举解决了良性管理所需众多基础条件当中的一项。而从"建筑学"角度看，这也不失为一种直指根本的解决办法。

至于代表们，我们是让他们从中央大门络绎进入到一间极其宽敞的门厅之中的，里面开有多间光线充足的衣帽间和盥洗室。

然后他们就爬上了两部宽达11m的巨大楼梯，两部楼梯彼此相对，紧邻一扇巨大的玻璃窗，窗外就是可供来人泊车的码头——那就是一堵可以显现所有来人情况的玻璃墙。楼梯上面设有多间休息室，在职员席下方沿礼堂正厅两侧依次排列，一直排到主席馆，那里有守卫执守。我说过，主席馆后面就是会务处。

这些宽敞的休息室完全朝向汝拉山，其左右两侧就是礼堂侧面玻璃墙的最下面。这里的玻璃墙已经不再是一块块的玻璃砖，而是明亮的大镜子：整个景观扑面而来；左侧回廊看到的是涨满水的湖面和萨瓦省的地界；右侧回廊看到的是日内瓦城和萨莱夫山。

从"休息室"的纵向面，可以沿着楼梯直接上到外交官阳台以及礼堂内的外交官席。人们在这里意外地发现了另外一处设施，那就是位于职员工作区正中心的职员专用楼梯，与外交官专用楼梯形成对称。

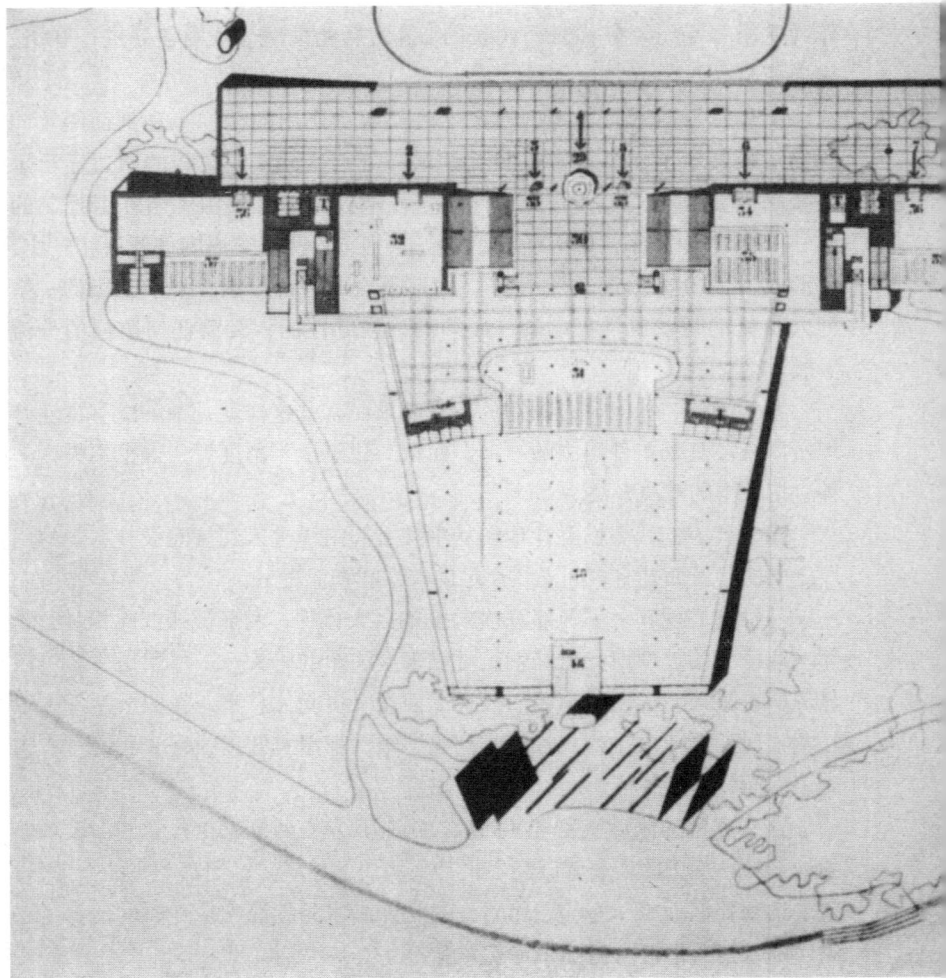

我为这张小小的剖面草图赋予了"重要的"建筑学意义。从 A 到 C，它所展示的就是来访者感
受到的不同建筑感觉：码头以及遮盖码头的挑棚那种连贯的立体感，转门、门厅以及休息室、
主席馆，最后还有大礼堂所共同形成的节奏感。"光线"的作用强力显现：我们的视线可以经由
汝拉山（站在码头上）看到湖面（坐在休息室），再看向大礼堂的柔美明亮，它的玻璃墙不是透
明的，而是半透明的。

而湖面在此所扮演的，则是一种杰出的建筑学角色

这 7 类听众都是自动分流的：没有迟疑、没有忧虑、没有问题：每人都会严格地到达自己的位置。

穿过转门（29），代表们就进入了一个宽敞的建筑系统，既不用转弯也不用抹角。一切都是通透的，光线充足，它就是一个会议广场

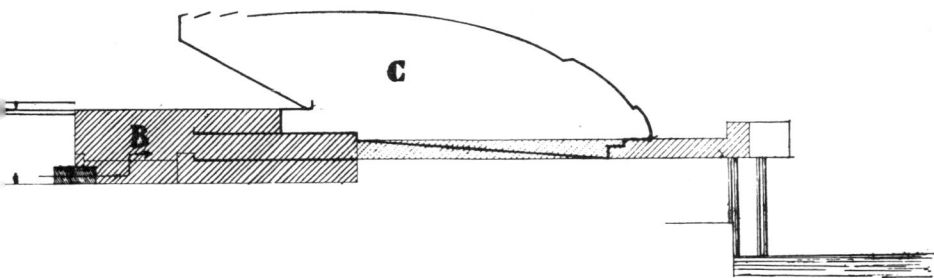

　　秘书长办公室就位于秘书处中心，经由建在同一层面的通道与主席馆相连。

　　最后，还有第二条通道，可以让来自国外的记者与秘书处信息处进行直接接触。

　　以上就是我所简述的通行解决办法；通过对所有事情进行分门别类，我们用秩序给每个人都带来了行动自由。

一种审美

　　也就是说那种布置、排列、安排、整理的机制，那种源于某种意图的行动，那些数学关系，那种精神质量，它可以通过精神的力量而趋于纯净，并可以通过个人创造力来表现出一种协调的整体、即一种无所不包的全部。不是某种自我收缩，不是由某种强要出名的欲望、某种必欲达到类似亚述古国那种永垂不朽的欲望所引发的咄咄逼人的粗暴——即让一部分人挥之不去的梦魇，他们在手忙脚乱地抵制着学院派的矫饰手法。"赏心悦目、明媚又美丽"：我们曾经说过，这才真正是建筑学的设计要求。

今天，在最具才华的年轻人当中，流行着一种态度，那就是彻底否定审美这个字眼（我一开始就说过）的作用。他们只想就事论事，局限于对实用功能的狭义研究，如此，我们就又落入了贯穿几代人的一种纯粹的哲学理念："有用就是美。"即便是在这一推理中间也有着怎样的漏洞啊！他们忘了，人类所有行动某种程度上都是一种运动。理智、创造性带来的就是"元素"、事实，我们可以不假思索地予以认可，因为它们都是合理的；但这些分析出来的元素却受控于将其彼此相连、对其进行整合、组合、布置的某种节奏，这就是源于某种意图的行动。

说真的，这种意图就是一种不自觉的命令；就是我们每一个人特有的、个别的理念，我们总是按此设想我们的生活并依此而行。它就是我们言行的指挥员。你们能想像我们不受指挥的情形吗？或者想像一下我们只有理智的情形？如果我们只有理智的话，那么我们就将生活在一种精确的从因到果的一致性中，倘若如此，那这种一致性早就把人类带到终点了。我们可是充满感情的。每个人有每个人的感情。通常很难调和感情的不可抗拒与理智的无可争辩。这两种会引起建筑作品化学反应的元素，其各自在作品中所占的比例总是差异巨大，而且，有时，它们还会组合出某种素昧平生、出人意料、给人深刻印象、令人瞠目结舌的产品，博得普遍称颂，赢得热烈欢呼，获得一致赞叹：这是真正的艺术品，由这两种元素构建而成的艺术品，每个人都有机会用到这两种元素，它们以这样一种愉快的结合，形成了一种独特的配伍，撩拨着我们、打动着我们，引发着我们所有人一致的参与感。

因此，在审美过程中，有这样一种因素，可以将作品凝成永恒，并且让我们坚信永恒的作品永远都会产生：这个因素就是"个体"。

在特定时刻，个体是可以引发一致的参与感的；其在共同生产中的表现可以把作品中已经存在的启示性秘诀进一步系统化：某种审美模式于是便形成规范，甚至有可能走向僵化。

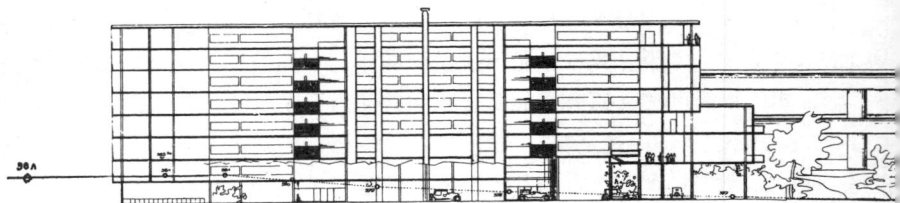

秘书处楼梯与大礼堂南立面剖面图

秘书处底层架空柱

大楼下面单行车道上面的拱顶

基准面上的秘书处柱廊

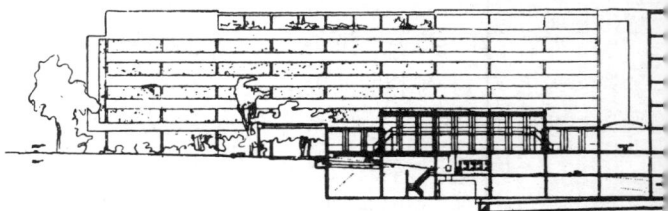

SECRETARIAT COUPE SUR LA BIBLIOTHEQUE ET FACADE OUEST

秘书处底层架空柱

LES CONSOLIDATIONS DU TERRAIN NE SONT PAS MÉMORÉES. ELLES PERMETTENT LA COULISSE LA CIRCULATION ET LE GARAGE

　　可以肯定，最早进行这种系统化的那个人自己也会形成一套方法。那么，这种方法、或者说有关技术手段的知识、对影响时代的精神特征的发现，也可以说是由精心挑选的、行之有效的、潜力巨大的、以最小的物质和造型手段投入换来的最大程度的元素结晶究竟是什么呢？

　　赏心悦目、明媚而美丽。

　　困难已经难不倒我们了，因为我们已经从根本上解决了设计要求的技术数据问题；我们创造出了鲜明的标准化作品；一种发自内心的"做好"意图激励我们在那些个性典型作品之间找到了共性尺度，以在作品与作品之间、作品与环境之间建立和谐关系。

　　这些共性因素就是：

　　我们意识到，地势应尽量趋于水平：这就是诗意的产物。

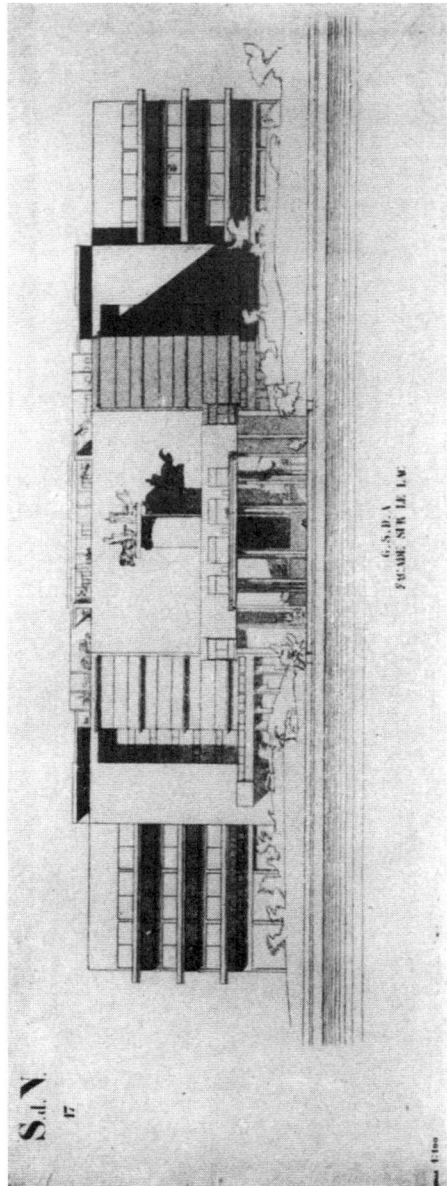

观景台：
屋顶花园

纵向通道 →

纵向通道 →

6.P.\
FIGURE NR 12 LW

← 朝向湖面的外立面一减再减，以不对地势
构成任何压制。整个正面优雅尽现，这就
是国联大会的主席馆

→ 从一端到另
一端，图中
所示即大型
委员会与国
联理事会所
在的最大附
属楼

　　我们将所有大楼尽可能做成单一、平滑而且纯净的水平屋顶；这种高位的纯水平形态要么突显天际之上，要么傲立群山之间，这种水平形态就是诗意的产物。

汝拉山系

大会主席馆（其底层架空柱就浸在
一个小码头的水中）

凌空坐落于底层架空柱之上的秘书处

万国宫拔地而起，无比轻盈，毫无抵触之态。
因为，让各国凭精神获得敬畏总好于凭蛮横
和卖弄获得敬畏

空中花园，可饱览汝拉山系风景

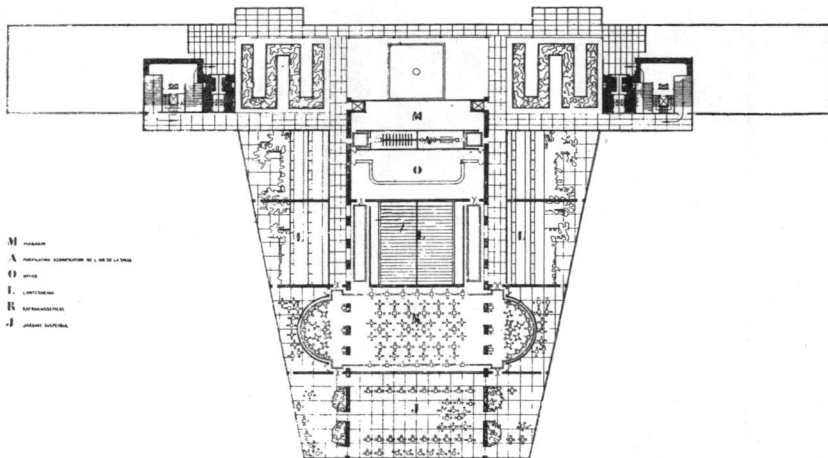

GRANDE SALLE DES ASSEMBLEES
TOITURE
大会大礼堂屋顶

漫步场所：可饱览日内瓦城和
　萨拉夫山风景

冷却室
观景台
对面页：勃朗峰

漫步场所：可饱
览涨水湖景

　　将整个建筑组合布置妥当，以便将众人汇聚到楼顶宽敞的观景台、面对美妙神奇的地势时，这样的组合能够达到这样一种时刻，连最坚硬的铁石心肠都有可能被这样的情感所打动，这就是我们饱含诗情的一种意愿。

大会大礼堂：带有餐厅、花园、漫步场所的屋顶

这里是宽敞的屋顶花园，登临此境，不仅所有的嗔心^①可以休矣，而且，"与四周地势融为一体的伟大建筑作品从来都不会盖棺定论。因为光阴荏苒、季节变迁，而年轻人是看不到老年人所能看到的事物的，而且老年人内心深处对投其所好事物的感受也与年轻人完全不同……"（参见第 10 页）。

从屋顶花园看到的群峰聚首

———————————

① 此处，"嗔心"是佛教用语，意思就是愤怒心。原文所有词义为"憎恨"，故此觉得，此处的译文用"嗔心"表示为好。——译者注

　　通过建筑让景观、草地、花朵、树木全都流动起来；这样的策划（底层架空柱）旨在让阳光在建筑下面尽情闪烁，那里的昏黑阴暗本会引发忧伤之感，那里的地基底座本会破坏空灵之美——这种"阳光原理"、我们建筑学的基础所在，就是为了浸润、温暖和愉悦心灵的；这就是一种超越了狭义追求实用的美好意愿。

柱廊与秘书处入口处的码头。无限风光尽收眼底

大会大礼堂

　　下决心将这些宽大的建筑覆以浅灰色花岗石；平滑；光滑；光亮；明亮；下决心让所有外观形状呈现出纯粹的几何形态。下决心让这样的几何形态—— 一种精神符号——与周围景观连绵不断的起伏齐奏出强烈而动人的和谐之音；精心引发这种景观的连绵效应；在每个地方都准备好令人喜出望外的美景，全部覆以光滑的石材；营造突变的风景边际，打造名副其

秘书处的主立面

在中央，秘书长馆正面朝向空中花园，花园下面就是各个小型委员会所在地。这个重要部门的每间办公室都能够完全跃然于如画的地势之上。屋顶上，是秘书长的私人餐厅与餐厅与花园。墙壁外层是平滑的花岗石。窗户一概采用圣戈班玻璃。而且我们只花了1250万（瑞士法郎）！"这简直就是一座工厂"，有人告诉我们，"根本不是建筑！"

实的演出场景；在围墙刻意排出的布局中规划灌木或树丛的延展，或者将高大的底层架空柱支柱与水平的湖面、旖旎的日内瓦城、勃朗峰或萨拉夫山剪影糅合成一首欢快的交响乐——所有这些都是对大自然充满敬畏的良苦用心，都是我们表现虔诚的一种行为。

封闭的车库

平滑的花岗石与圣戈班的玻璃。最高秘书处说了："我们不愿意在一堆汽车的上方办公。"他们用我们的底层架空柱刺伤了我们们!

底层架空柱之下开放的车库

日内瓦城与萨拉夫山

　　还有：以建筑学为阵线；以建筑物纯美的顶部为阵线，而不是以厚重
堡垒的前沿地带作为阵线。为整块地势所布的阵线。这条阵线就是一条纯
美的水平线条。有此足矣，万事俱备。一条如此明确设定的线条对国际联
盟礼堂来说就是一种象征；它比万神庙的山花，或者古董般破败的柱列更
具"和平"的象征意义。

湖光山色

　　这样的审美同时也是忠实于自然的表现。

　　之所以忠实，首先是因为，一种纯粹的、鲜明的、健康的、高效的、实用的"内在"，分毫不差地被外化了出来：这边是办公室，那边是委员会客厅，那边是大礼堂，那边是休息室，而且处处都有阳光明媚的走廊。在步入建筑之前，我们就知道它有哪些有机组成部分。

　　之所以忠实，还因为阳光普照四方：没有任何一处阴暗角落，一处都没有，"没有一个地方"不被阳光浸润。

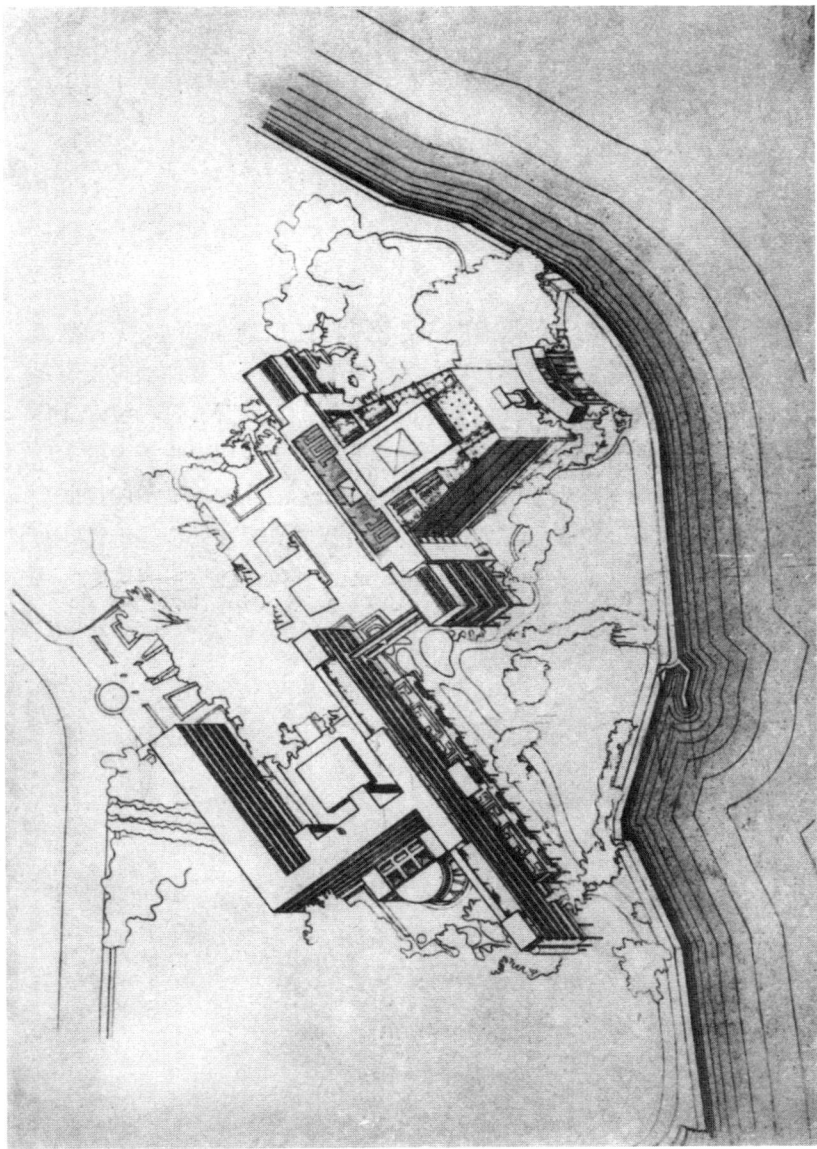

草地

高大的树林

万国宫被草地与灌木层层围绕；礼堂与大会主席馆的外立面则亲切地迎向湖面

　　之所以忠实，还因为，如果有一天，整幢建筑以其结构的直率昂然矗立起来，那么，你们就会在所有付出辛劳之处感同身受。你们会觉得岩羚羊纤细的脚踝有什么不正常吗？如果你们将其解剖，就会看到一整套让你叹为观止的骨头与肌腱的严密组织。当你们看到一位身躯厚重庞大的美丽妇人如何小心翼翼地保持平衡时，是否会感到一丝哀伤？她光滑的皮肤会让您不悦吗？她的眼睑与嘴唇之纯，以及所有成就其美丽的那些严谨、直白、锐利的刀切斧剁般简洁的线条，她的这样一种风范，你们会称之为贫乏吗？

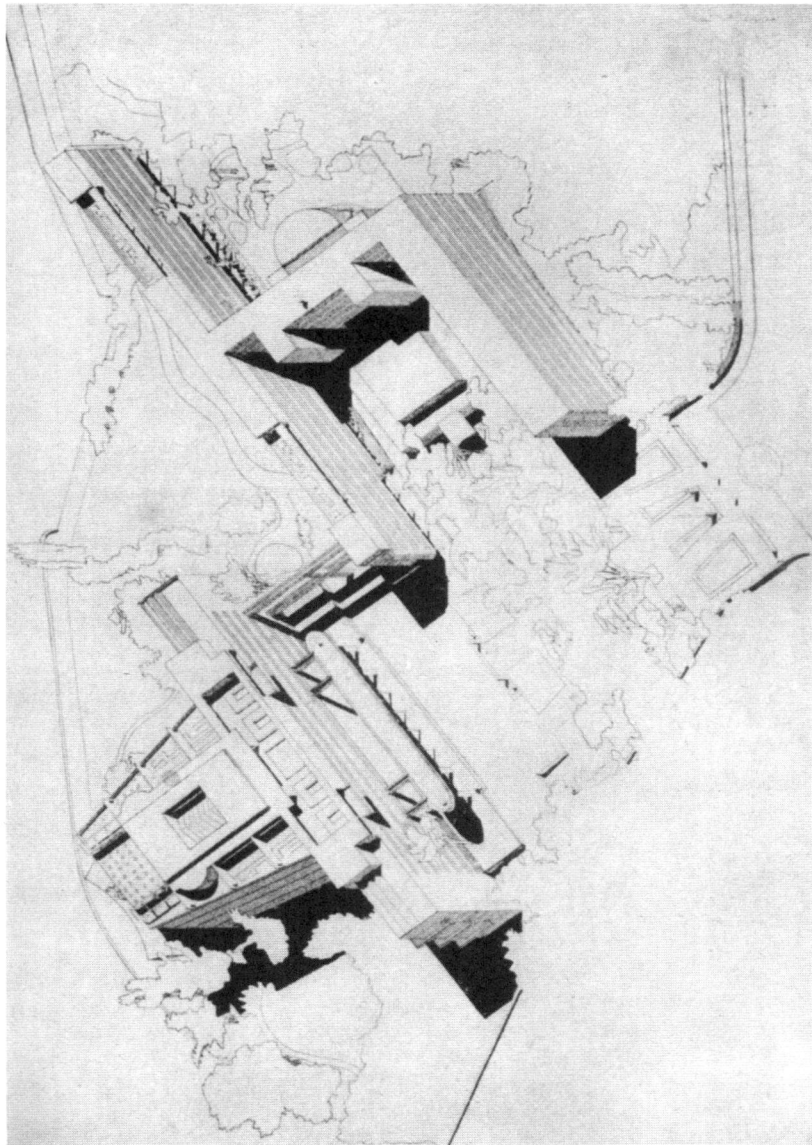

从洛桑公路一侧看到的万国宫景观

甫一进入，就是高大的树林。秘书处朝向勃朗峰；图书馆面向梦乐泊公园；礼堂与主席馆的正立面联袂凌驾于潮面之上。供人品尝美味的屋顶花园同时还是一座观景台

　　忠实，也是我们由此所要坚定追求的：建筑物的线条在这里划破天空，我们的建筑理念在这里告一段落并就此表露无遗，"建筑物的诸项功能恰在这里停住脚步；"而且我们没有例外地、没有任何例外地在这里满足了一切功能的需求。在我们的建筑中，"除了恰到好处地满足各项预想功能之外，没有哪怕一个立方厘米的多余部分。"

大礼堂的入口码头；入口上方的挑篷还可用作记者们的漫步场所。全部覆以光滑的花岗石

　　其实我们没有运用任何一种学院派公式：分门别类的立柱、壁柱、山花、挑檐。因为所有这些元素无一不是谎言。这些谎言，在参与这桩建筑生意的国联最高秘书处以及各位大使们那里，被称做"建筑学的血肉"。而我则称之为腐尸——充满危险的烂肉一块。

　　这样一种审美：抒情的线条、诗意的布局、对大自然的敬畏之举，以惟一与各幢大楼相匹配的姿态直面一切，以坦诚与率真的建设之举、以阳光普照之举、以保证所有道路畅通无阻之举保有了一份忠实。而最终，这份出自坦诚之人的起码忠实：描绘出了一个其成本与拨款分毫不差的建筑体（而不是 3 倍甚至 4 倍的超标，唉，固守条文与权利的国联啊！）[1]——这样一种审美绝非学院主义行为。这是一种有道的伦理行为；这是一种出自个体精神状态的行为，这是一种个人姿态。一种思想永远只会产生于一个个体。无论是在思想的起点、下方、里面还是底线，总有某种不可触犯的、纯洁的、真实的东西，某种不可让渡的、不容掺假的东西；那就是一种来自个体的激情。

　　我们与学院派是怎样的相去至远！

　　只因为我们谨守"责任"的核心。

　　我们就这样远离了罗马大奖[①]。

　　那也是"万国宫"的大奖，这个大奖从头到尾就是卑鄙、怯懦和伤天害理的代名词！

1927 年 11 月

注：

1.（最后时分）。由总秘书处、大使委员会、国联理事会选定施工的建筑师们，向评委会提交的所有项目被详列出了 1300 万条（大赛的基础条件），但这些专家们在最终决定作出之前就坦承，他们需要花费 2700 万、3500 万、4500 万甚至 5000 万瑞士法郎之巨。报价的是四位学院派建筑师。

————————

　　① PRIX DE ROME，旨在提高法国艺术水平的法国国家艺术奖金。——译者注

主席馆小码头

万国宫就掩映在这样的风景当中,丝毫不受干扰。[居然有人说学院派]这块场地太小,容不下万国宫!!!]

这就是我们以直线经梦乐泊公园将洛桑公路与威尔逊码头连接起来的方案

第三部分（附录）

巴黎的大王宫，系为 1900 年的美术展（此后用于航空展）而建……只有飞艇、斯帕德[①]飞机、歌利亚[②]飞机以及福克尔[③]飞机在此悠然自得。而绘画、雕塑，说好听点在此面临的是无所不包的挑战，其实就是场灾难！

学院派的声音

法兰西学会会员、法国艺术家沙龙主席、巴黎大学建筑师奈诺（NENOT）先生，于 1927 年 12 月 21 日受命施工万国宫。

奈诺先生就勒·柯布西耶和皮埃尔·让纳雷方案所做声明。

"我经历了 60 年的建筑生涯，我对这个方案绝对是一点也没看懂。请你们向我作出解释，尽你们所能；但我不会向你们作任何解释……不会，这样的人都是些野蛮人。"

摘自年表，1928 年 1 月

---

①　SPAD，创建于 1911 年的法国飞机制造公司。——译者注
②　GOLIATH，法国于 1919 年制造的一种飞机。——译者注
③　FOKKER，创建于 1919 年的荷兰飞机制造公司。——译者注

奈诺先生访谈录（固步自封，1928 年 1 月 18 日）。

"我为艺术而高兴，仅此而已"，今天早上，奈诺先生本人欣然告诉我们："'自法国队加入之日起，它的目的就是要打败野蛮。'我们称之为野蛮的就是某种建筑学，或者更确切地说是一种反建筑学，近几年来，它在东方和北方欧洲甚嚣尘上，其可怕程度一点也不亚于那种'挥鞭猛击'式风格，我们有幸于 20 多年前埋葬了这种风格。这种野蛮把历史上的所有美好时代全都否定了，而且，不管怎么说，还侮辱了民意与高雅品位。它终于处在了下风，一切顺利。"

奈诺先生（巴黎）与弗雷让奈麦尔（FLEGENHEIMER）先生（日内瓦）的方案，被指定为万国宫的施工蓝本。

底层平面图

湖面景观

1）建于庭院之上的秘书处办公室（5人大使委员会的提案）；

2）反声学的礼堂；

3）捉襟见肘的室内及汽车通道；

4）4个而不是一个"休息室"（5人大使委员会）；

5）散在四处的各委员会（5人大使委员会）；

6）秘书处各部室与大会各部室混在一处（5人大使委员会）；

7）捉襟见肘的纵向通道（5人大使委员会）；

8）公园的高大树林毁灭殆尽；

9）大会总会主席办各处室又该如何安置呢？

成本为 2700 万瑞士法郎（据专家讲）

（折合 1.35 亿法国法郎）。

建筑师应向大赛所报成本：1300 万瑞士法郎

（折合 6500 万法国法郎）。

我们的立柱（勒·柯布西耶与皮埃尔·让纳雷方案）可独立承载某种事物：那就是整个秘书处（参见第 94 页和第 104 页，等等）。我们恰恰因此被定了罪！但5人大使委员会却问奈诺："您列柱后面的那些地方怎么照明呢？"

　　布罗吉（BROGGI）、瓦卡罗（VACCARO）、弗朗齐（FRANZI）（罗马）先生的方案，几位都是被指定与奈诺先生合作的建筑师。

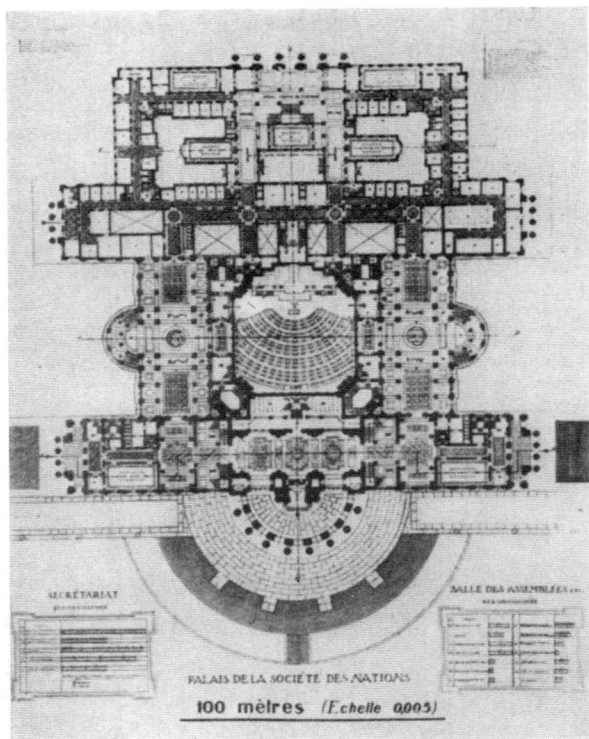

底层平面图

湖面景观

1）各办公大厅被分成了 9 个院落；
2）反声学礼堂；
3）室内通道何在；
4）3 个"休息室"；
5）四散的委员会；
6）纵向通道呢？
7）整个公园毁灭殆尽。

专家确认的成本：
4000 万瑞士法郎
（折合 2 亿法国法郎）。

获奖建筑师应提交报价：
1300 万瑞士法郎
（折合 6500 万法国法郎）。

瓦果（VAGO）先生（意大利—匈牙利）的方案，也是指定与奈诺先生合作的建筑师。

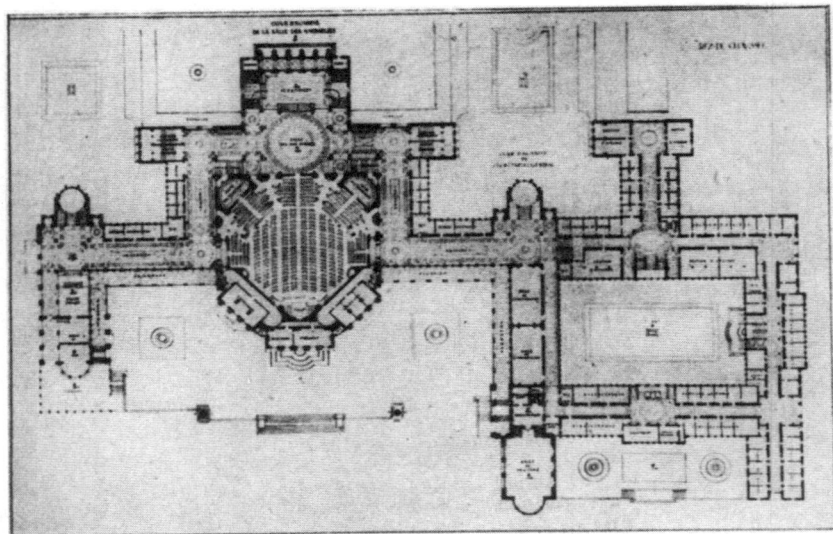

底层平面图

湖面景观

1）反声学礼堂；

2）公园遭到破坏。

专家确认的成本：

3000 万瑞士法郎

（折合 1.5 亿法国法郎）。

建筑师应提交报价：

1300 万瑞士法郎

（折合 6500 万法国法郎）。

　　卡米尔·勒费弗尔（CAMIL LEFEBVRE）先生（巴黎）的方案，也是指定与奈诺先生合作的建筑师。

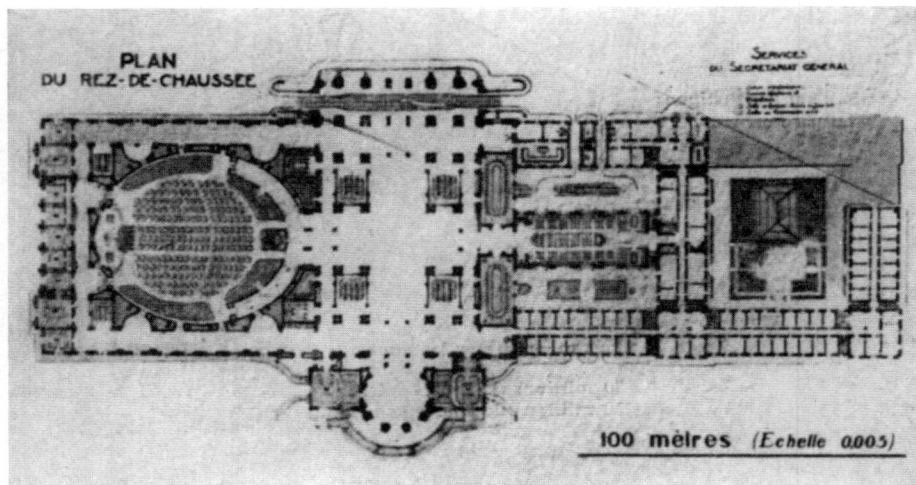

底层平面图

湖面景观

1）反声学礼堂；

2）大楼没有建在国联场地内（右侧灰色部分）；

3）通道：大会总会的 2600 人，如何从停车大门及时下车？（汽车是一辆下完人后开走才能再停一辆，其他车辆都得等着）；

4）各大型委员会四散分离；门前的院子十分狭窄。

专家确认的成本：

5000 万瑞士法郎

（折合 2.5 亿法国法郎）。

建筑师应提交报价：

1300 万瑞士法郎

（折合 6500 万法国法郎）。

注：由国联指定的大赛规则：

"这样的建造成本，包括建筑师的酬金，'在任何情况下'都不能超过 1300 万瑞士法郎的总额……如果评委会认为建造费用超过了指定额度，则任何一个超额方案都不会得到报酬……"

拉布罗（LABRO）先生（巴黎）的方案，他未被指定与奈诺先生合作。

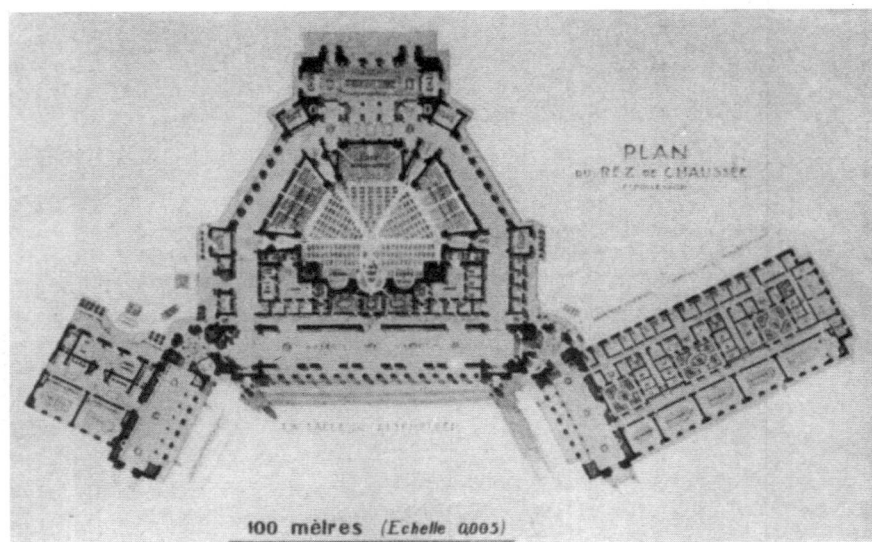

底层平面图

湖面景观

有必要在这张平面图上研究一下办公室朝向何处（全都是出租楼式的小院子）。

还有大礼堂的位置安排、可视性、声学问题还不知道怎么办呢。

相反，所有这些小院子都有着刺绣一般的地面……只是从那些黑洞里面什么也长不出来。

专家确认的成本：
4300 万瑞士法郎
（折合 2.15 亿法国法郎）。

建筑师应提交报价：
1300 万瑞士法郎
（折合 6500 万法国法郎）。

* 拉布罗先生是获奖的第 5 位"学院派"，他没能成为奈诺先生的助手，因为他是美术学术院的学生和画室主任，也是大赛评委雷马莱斯杰（LESMARESQUIER，评委会第 63 次会议的导演）先生的直接合作者，就是这位评委给这个方案评的奖。

注："大赛规则"规定，禁止所有与评委之一有直接关系者参赛。

　　规定归规定，大赛评委会还是在第 63 次会议上经历了由一次经典型操作做了假的评奖。

　　并非只有一个由相对多数 [4 位新派评委，H·P·贝尔拉热（H.P. BERLAGE）、约瑟夫·霍夫曼（JOSEPH HOFFMANN）、卡尔·莫塞尔（KARL MOSER）、泰格布姆（TEGBOOM）先生] 选定的一等奖，而是指定了 9 个"并列"一等奖。

　　国联事先从其项目评委会那里取走了其项目的卷宗，把决定权交给了 5 位大使，后者选定的结果仅由一个事实便得到了诠释，那就是他们并不隶属同一个打算夺得桂冠的国家。

　　这个重大的技术问题就是用以下的办法解决的：

国际联盟

一间大会礼堂、一座秘书处和图书馆新大楼工程

由专门委员会根据 1927 年 9 月 26 日大会决议向理事会提交的报告

　　正如理事会所重申的那样，大会任命了一个专门委员会，由主席安达（ADATCI）以及奥苏斯基（OSUSKY，捷克斯洛伐克）、波利第斯（POLITIS，希腊）、乌鲁提亚（URRUTIA，哥伦比亚）先生和爱德华·希尔顿·杨爵士（SIR EDWARD HILTON YOUNG，英国）组成，用于研究所有与新大楼有关的问题并作出方案选择。

　　为方便审查，委员会向秘书处索要了管理层补充资料，并向委员会自己任命的两位专家索要了仅限技术层面的补充资料。

　　在 1927 年 12 月 19 ～ 22 日的会议上，委员会着手研究这两份报告，并同时审查了由瑞士联邦政府和日内瓦州政府任命的瑞士专家所拟定的报告。这份报告是由联邦与州政府向委员会转交的。

　　在掌握全部资料并研究了问题的各个方面及从 9 个得奖作品中选中一个方案后，委员会认为，运用大会决议交予的提出修改意见之权利，欲作修改，必借鉴其他方案，并最终建议所选方案的作者与其他方案的作者联手合作，以拟定一份修改计划并予以实施。

　　委员会就此一致达成以下结论：

　　1）在它看来，最能满足实用与审美要求的方案，就是标注 387 号的

方案，其作者就是奈诺和 J·弗雷让奈麦尔先生。

2）然而，这个方案表现出了一定数量的不妥，对此，委员会认为必须予以补救。上述不妥涉及以下诸点：

与大会礼堂和秘书处大楼有关的地点；

图书馆的地点；

大会礼堂所在大楼中秘书处各部室的分布；

仓库与商店的不足；

汽车车库与泊位便利性不足；

几部楼梯与电梯的尺码问题；

各委员会会议室与理事会会议室的尺寸或地点问题；

需要对不同类型衣帽间进行的改进；

大礼堂的照明与总体布局；

简化大礼堂四周的走廊以及门厅；

某些办公室尺寸不足；

厨房及冷却室附属工作间的布局；

外部建筑的简化以及大会礼堂非承重外立面与秘书处外立面同朝向湖面一侧外立面的和谐；

列柱背后各厅室的照明；

秘书处入口门厅的扩展；

多条过道的照明与主要位于秘书处大楼角落处若干间办公室的形状，这些办公室形状不规则、使用不方便。

建筑师们的研究结果在第 5 次会议期间（1928 年 3 月 2 日至 3 日）提交到委员会，同时伴有一份说明性注释，各位建筑师在注释中指出了为满足委员会表达的愿望所作的改动，以及通过集体研究决定进行的有益改动。

委员会注意到，修改方案中最为重要的改动就是去掉秘书处的封闭式庭院，这样就可以最大限度地利用地势美化效果。

委员会一致批准了修改计划，因为这份计划总体上满足了国联的需求。

被选中方案的各位作者及其合作者对其中 3 点（原文只有两点——译者注）提出了异议，并就此要求委员会进行表态。

这 3 点列明如下①：

1）大会礼堂

被选中方案的作者认为，应该保持他们为大会礼堂最初设计的正方形形状。

相反，他们的合作者持有的却是最好使用椭圆或正圆形状的意见。

2）外立面

在修改计划中，关于待建大楼最为适用的外立面，依然存在同样的分歧。

被选中方案的作者希望最大限度地保证大会礼堂外立面与其最初展示外立面之间的相似性。

作为合作者的建筑师们认为需要研究出一种完全没有拘束的全新外立面。

关于这 3 点②，委员会达成如下决定：

1）经认真研究各方所述依据，委员会明确表态，同意将大会礼堂建成椭圆或圆形，认为这样才最能满足这间礼堂所要符合的条件。

2）关于外立面，委员会认为，在修改计划中保留的被选中方案各元素不再能与总体计划的新格局彼此相应。最终，委员会决定给予各位建筑师研究全新外立面的充分自主权，他们不一定必须保留被选中方案中的建筑装饰。

* *

在"5 大使"与评委会开展评审所耗费的这 10 个月中，万国宫的建设问题成了所有国家的报道焦点。专业领域就此在技术层面展开了多场大辩论。尤其是，声学问题被各位专业人士多有提及，而国联对此也是心知肚明。但主导日内瓦的仍然是一场可怕的混乱。厚达"14hm"的图纸"被长时间地束之高阁"。每份方案都包括 30m 至 40m 厚的图纸。反之，国联却一刻

---

① 原文只有两点。——译者注
② 原文如此。——译者注

也没耽误地编出了一本大赛"纪念册"；只复制了获奖方案，但却复制得极其特别："既无平面图，也无剖面图（那么多图纸多烦哪！），只是惟独放进了只展示外立面的远景图以及一张底层平面图。"

大会总会还在为鸡毛蒜皮的小事争执不休。

我于是向出席理事会会议的卢舍尔（LOUCHER）先生提出了这个建议："让并不专业的'5人委员会'召见9名获奖建筑师；给他们每人发一根粉笔，告诉他们：'这儿有块黑板，请您向我们解释一下您的方案，包括方案的总经济账、方案的通道设计、人员分流、声学设计、造价成本、施工方法，等等。'"

卢舍尔先生回答我说："相对于大赛各自为政的一片混杂，您这是最早提出的明智想法。我会考虑。"

呜呼，后来的决定满不是那么回事。

*　*
*

所以，到了3月5日，5大使的报告在经过布里昂（BRIAND）、夏洛雅（SCIALOJA）、安达和艾里克·德鲁蒙爵士（SIR ERIC DRUMMOND）先生的一番讨论后被国联理事会全盘接受。哥伦比亚代表、5人委员会会员乌鲁提亚先生祝愿，经如此众多的国家、包括尚不属于国际联盟的一些国家参加大赛而将在日内瓦湖畔建成的大楼，在未来不仅只是一种象征，而能表现一种现实，即人类和平与团结的现实。（赞成。）

*　*
*

有这样一个先例……就在 1830 年左右。

［F·托佩（F. TOPPER，日内瓦人）所绘素描，

"潘西尔先生①的故事"］

L'Académie Royale écoute la lecture du Mémoire sur un vent souterrain tout nouveau, et nomme une commission de trois membres pour analyser le contenu des phioles. 23

王室科学院聆听了关于一股全新地下风潮的论文宣读，并任命了一个 3 人委员会来分析宣读人的一堆小瓶里装的是什么

---

　　① 　M.PENSIL，1840 年出版的木版连环画人物，为一自我感觉良好的业余画家。——译者注

La Commission procède à l'analyse du contenu.

委员会着手分析瓶里的内容

Le gaz s'étant dégagé, il s'en suit des soupçons atroces.

气体一经放出，立刻散发出难以忍受的可疑味道

Et des explications très dures

后果十分严重

24

来自阴间的声音

　　由机械论引发的社会动荡一经出现，"敏感"的人就听到了各种各样的声音——由来已久！ 1816 年；1849 年；1878 年；1889 年……对牛弹琴？不至于吧！

　　因为全世界都在追寻它的去向，而时至今日，预言已经成为事实。[1]

* *

　　注：

　　1. 这就是由吉埃迪翁先生在各大图书馆找到的关键性资料，他刚刚出版了一本意义重大的书籍：《19 世纪和 20 世纪的法兰西建筑》，由柏林的彼尔曼·U·克林哈特（BIERMANN U KLINKHARDT）出版社出版。

1816 年。隆德莱[①]："为建筑专业工程课开班所作演讲"。

（让·隆德莱，1743–1829 年，先贤祠建筑师苏福洛[②]的门生。）

导致我们以如此高的成本进行建造的重要原因之一，就是那些忽视工程研究者的经验缺失，他们一心专注于装饰。

本质目的是要建造结实的建筑物，并运用正确数量的材料，这些材料的选择与使用既要艺术也要经济。

1849 年。比利时工业博物馆经理若巴尔（JOBARD）。

凡是重大的建筑革命无不延续着重大的社会革命。

每一种帮助我们走出贫乏与奴性抄袭的新建筑形态、新建筑风格，都是人人需要的。

这就是重要建筑时代的特点，一如重要地质时代：一种新的植物或动物品种只会在原有物种消失后才能出现……

建筑学亦然：原来的膀胱切开碎石术权威一族必须要像乳齿象和蛇颈龙一样彻底灭绝，才能让位于新型冶金专家，他们不会保留旧有学派任何一点传统成见……

劳驾今天的所有思想者向过去看上一眼，并回想一下其最正确、最实用最丰富的方案、建议、发明与设想所受到的待遇；他就会看到，"他们的所有一切都受到了当权者以及在高大比武场看台上挤作一团的信徒们的尽情嘲笑并早已被埋入地下。"

以他们为例，立法官员、财政官员、行政官员以及整整一大批满足现状者都不约而同地出手扼杀着新生事实，并有条不紊地屠杀着所有的发明创造……

玻璃被寄望在冶金建筑业中起到某种重要作用；我们的住宅将充满大量雅观别致的开放结构，让阳光尽情照入，而不是再沿用那些因钻满大洞而降低牢固度与安全性的厚重墙壁。这些形态各异的开放结构，装配着厚厚的玻璃，或单层或双层，或透明或半透明，或无色或任选颜色，白天将在室内营造出奇妙的光线效果，夜晚将在室外映射出有趣的照明景观……

---

① RONDELET，1743–1829 年，法国建筑设计师与建筑理论家。——译者注
② SOUFFLOT，1713–1780 年，法国最伟大的建筑设计师之一。——译者注

1878 年。特罗卡迪罗广场①广场建筑设计师戴维伍德（DAVIOUD）。

只有当建筑师与工程师、艺术家与科学家完全融为一体时，他们的一致才是真实的、完整的、可繁衍的……

通晓天文地理，不仅远不会像狭隘和先验精神所印证的那样损及艺术的发展，相反，还是保证这种发展的必要条件……

但先例难破。很长时期以来，多年世纪以来，我们就一直生活在这样一种愚蠢的信条之中，即艺术就是一种有别于人类其他智能形态的实体，绝对独立在艺术家本身新奇而变幻的想像中有其自己的根源与独一无二的元素。

1889 年。阿纳托尔·德博多②。

我们这个时代赋予我们以充满创造力的各种元素，就像希腊人和哥特人一样，我们应该掌握一种现代审美手段，而并非像各次要时期那样满足于使用与从过去借来的布局和形状装饰无关的骨架。

今天，社会与科学的变革已成既定事实，新的章程已经明确，艺术也要进行变革。40 年来，建筑工程及某些施工方法进步显著，但艺术性问题始终悬而未决。

同样，长期以来，建筑师的影响江河日下，工程师作为杰出的现代专业人员正谋略取而代之。

糟就糟在建筑师在形状的运用中耽搁过久，而不是以解决方法的更新来建功立业；他最终接受了陪衬人的角色。

1889 年。奥克塔夫·米尔博③（《费加罗报》）。

在艺术心于找寻室内描绘手法或迟滞于老旧公式、止步不前、缩手缩脚、畏首畏尾、还在一味向后看时，工业正在大踏步地前进着，探索着陌生的领域、征服着全新的形态。这一点十分典型，工业比艺术更加接近现代美。

---

① LA PLACE TROCADERO，位于巴黎埃菲尔铁塔对面。——译者注
② ANATOLE DE BAUDOT，1834-1915 年，法国建筑师。——译者注
③ OCTAVE MIRBEAU，1848-1917 年，法国记者、艺术评论家、小说家、剧作家。——译者注

被人一再预言并寄予厚望的革命完全没有酝酿于画室或雕塑室内，而是躁动在工厂之中。所谓形态，都是在打铁人猛烈的重锤下诞生的。无论伯拉孟特①还是米开朗琪罗都没能继续修建罗马的圣彼得大教堂，而是由迪泰尔②（1889 年设计机器博物馆的建筑师）先生和埃菲尔先生接手续建。这两个巨型胚胎先后孕育出了机器博物馆和埃菲尔铁塔，并将推出一种为我们这个世纪所渴慕的辉煌艺术：建筑学！

1889 年。维奥莱 – 勒 – 迪克③。

啊！伟大艺术的规则啊！啊！布局的对称与执著啊！你们带给我们怎样的痛苦啊！

我们如何自救？如何带领公众有效加入对我们所有艺术问题的讨论、重返一度迷失但对我们却如此必要的方向？

"公众渴望拥有某种建筑学之日，就是我们掌握某种建筑学之时。为争取这一结果，只需采用如下方法：给出明确设计要求，并尽力予以完善，确保其精确满足所有需求，然后再在艺术家们拿出图纸时要求其就每一件事说清道理。——这个立面怎么有支柱？为什么？——楼层之间怎么有挑檐？为什么？——这里的窗户怎么比那边宽？为什么？——这边是圆拱，对面怎么是平拱？为什么？等等。如果，对于这些问题，建筑师只要有一次回答道：'艺术法则让我们……'那就用不着再让他说下去了……因为在建筑学领域，艺术法则首先要求的就是，没有道理的事情一概不做……"

· ·
· ·
· ·

---

① BRAMANTE，1444–1514 年，意大利文艺复兴时期著名建筑师。——译者注
② DUTERT，1845–1906 年，法国建筑师。——译者注
③ VIOLLET–LE–DUC，1814–1897 年，法国建筑师与建筑理论家。——译者注

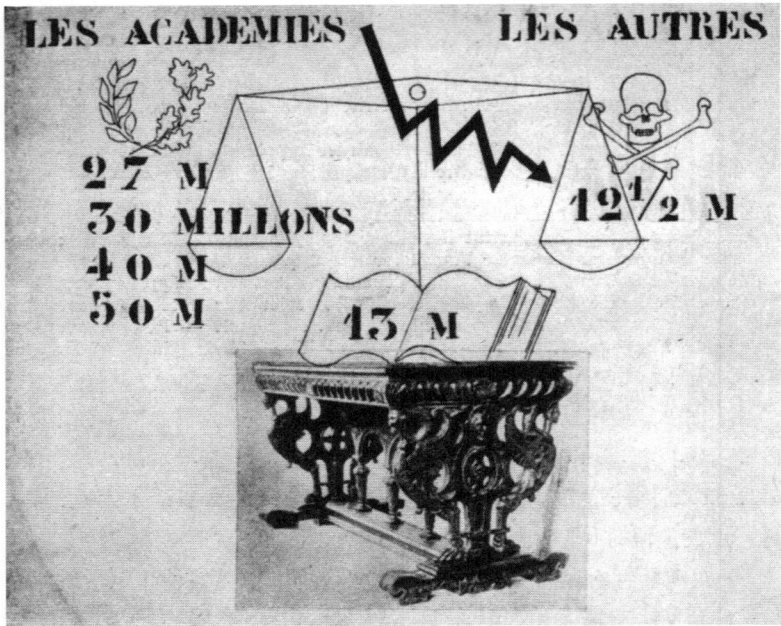

国联的招数

我同意出版以下这些资料，虽然看上去像一份"自我"辩护词，但却出于一种不容置辩的理由：围绕万国宫的战役惨烈至极；舆论为之哗然。我们正面临转折：是要死去的时代还是要新生的纪元？死去的时代——学院派——强力反扑、垂死挣扎。从战术上说，学院派们位居中心，容易被各国政府听到其声音，政府资助着他们、保护着他们。各国公众舆论广泛传播；虽然再三表达但却无人肯听。外交界紧紧贴在金色护板①上（自始至终）。共和制或君主立宪制政府势力希望依靠的则是"君权"。

之所以在本书结尾处用这些资料来论述一个完全无趣的问题，就是要向那些上层大人物揭示，事物变化的方向有时就是会如此……个别，对于传统精神的混淆就是会如此彻底，以至于正义、最为简单的正义不再成其为正义，而成了某种盲目的冲动。

---

① 饰有金色线脚的白漆护墙板，象征王宫的奢华，此处意指学院派装饰手法。——译者注

资料 1

自 1928 年 6 月 1 日至 21 日，巴黎福布尔·圣奥诺雷街[①]第 109 号乔治·贝恩海姆博物馆（GALERE GEORGES BERNHEIM），勒·柯布西耶与皮埃尔·让纳雷国际联盟总部方案展示会。

公众所不知道的
勒·柯布西耶与皮埃尔·让纳雷
国际联盟总部方案

1927 年 5 月——"专业"评委会以相对多数将此方案评为一等奖并予以采纳（从图纸厚达 14hm 的 377 个方案中评出）。

在评委会第 63 次会议上，雷马莱斯杰先生（由法兰西学院委派的法国评委）"将此方案拿下，借口是该方案系以机械手段复制而成"（而不是用墨水直接画出来的）。

于是 9 个平均奖就此敲定，每位评委评出一项桂冠。结果：5 个学院派方案和 4 个现代派方案极不相宜地混为一谈——评委会组成结构的精确写照。

1927 年 6 月——在日内瓦举行各方案公众展示会。众人关注点都集中在勒·柯布西耶与皮埃尔·让纳雷方案上，因为这个方案体现了现代精神（无数报纸与杂志文章如此提及）。

1927 年 9 月——国联大会全体会议。戏剧性变化。大会在未作任何方案选择时就事先决定，将拨款提高 50%。各专业协会均对这种"毁约"行为表示抗议。"这就是说在法兰西学院与现代精神之间的战斗已经开始了。"

只有勒·柯布西耶与皮埃尔·让纳雷的方案没有超过 1300 万金法郎的拨款额度（参赛必要条件）。

4 个学院派方案分别花费 2700 万、4000 万、4500 万、5000 万瑞士法郎；方案作者宣称是 1300 万瑞士法郎，但专家们却揭穿了他们的谎言。新额度（1950 万瑞士法郎）最终又被提高到 2400 万瑞士法郎，从而接近了学院派方案。

---

① FAUBOURG SAINT-HONORE，位于巴黎第 1 和第 8 区之间。——译者注

随意性肆虐：5 位"大使"受大会指派负责"按一份明确的委托书"、按造价和使用功效评出欲采用方案。

"被大使们咨询到的各位技术专家"选中的就是勒·柯布西耶与皮埃尔·让纳雷的方案：他们是捷克斯洛伐克专家、瑞士联邦政府专家、日内瓦州政府专家。

1927 年 12 月 27 日——"大使们"没有选中一个"方案"但却选中了一位"建筑师"：法兰西学会会员、法国艺术家沙龙主席奈诺先生（2700 万瑞士法郎的报价），并为他加派了三名学院派同仁：布罗吉先生（意大利），4000 万瑞士法郎；瓦果先生（意大利 – 匈牙利），3500 万瑞士法郎；勒费弗尔（法国），5000 万瑞士法郎。

全世界都在抗议这第二次毁约：包括瑞士、捷克斯洛伐克、荷兰、法国、瑞典、丹麦、德国、奥地利等等国家的专业协会；

以及法国、德国、美洲、斯堪的纳维亚、瑞士等等国家和地区的最高技术大师；

"法国复兴"①运动的领袖们向全世界精英发出了召唤；

国际各大媒体与多份杂志为此发了无数通告。

勒·柯布西耶与皮埃尔·让纳雷向国联理事会发出了由巴黎法院出庭律师、法学院教授普鲁多姆（PRUDHOMME）大律师起草的一份申诉书，"请求废除大使们的裁决。"这份申诉书仅限于列举国联在万国宫一案中所犯的现行"纯法律性错误"的依据。

1928 年 3 月 5 日——"国际联盟理事会"召集会议。我们提交给国联秘书长艾里克·德鲁蒙爵士的申诉书"没有被上交理事会"。（我们的 30 页印刷体申诉书一共挂号寄出了 25 份）

理事会认可了大使们的决定："由 4 家建筑师事务所负责按照一份与这 4 家事务所方案毫无共同之处的设计要求来绘制万国宫的最终图纸。"相反，新的设计要求直接取材自勒·柯布西耶与皮埃尔·让纳雷的方案。其中一位大使宣称："勒·柯布西耶与皮埃尔·让纳雷的方案对我们建造新的万国宫十分有用。"

---

① REDRESSEMENT FRANCAIS，1925 年在法国兴起的"集中精英、教育民众"运动。——译者注

"秘书长"并不认为向普鲁多姆先生通报收到申诉书有多大的必要。而且这份申诉书还曾再次寄送国际联盟理事会以供其6月会议审议。

不管怎样，一个月后，作为对普鲁多姆先生挂号信的回复，日内瓦的秘书长向他告知，国联只能受理国家与国家之间的案件，而不能受理来自个人的案件（！）

这份申诉书是自国联成立以来提出的第一个反对国联的诉讼。没有哪个司法机关可以审判作为"人类最高司法机构"的国际联盟。这样的案情极大地引起了司法界的兴趣。这样的申诉书究竟会导致怎样的后果呢？

从最初就介入大赛事务的一位高级人士宣称："这次大赛从一开始就已经安排好了；科学院被指定为施工单位；大赛只不过是装点门面。不仅如此，各个国家全都野心勃勃，彼此早就达成了指定4名建筑师的妥协，以满足各自的政治渴求。他们指定了国家、指定了科学院的几名建筑师，'而不是参赛的某一个方案'（这场大赛喜剧让参赛的377名竞争者花费了超过2000万瑞士法郎的费用！）。"世界各大媒体以重头文章为这次操作定了性："万国宫丑闻"。

所有方案从来都没有得到客观的讨论，"除了专业评委会"，随后还有各位专家。因为这些方案（平均每份的图纸厚达30—40m）始终被束之高阁。

台前频发短文公报，幕后却搞起了秘密外交：被指定的是4位学院派建筑师，而4名现代派建筑师则被排除。第5名学院派建筑师（拉布罗先生）因与巴黎新建的军人之家建筑师、大赛评委、突变事件（评委会第63次会议）的导演雷马莱斯杰先生的关系而未得到顺理成章的录用，后者接下来就让科学院夺得了胜利并击败了现代精神。

勒·柯布西耶与皮埃尔·让纳雷方案展示会为那些对这一建筑学问题兴趣浓厚的人提供了研究这个万国宫建造计划的可能性，这个计划虽然众说纷纭，但我这么说吧，从来就没有人见到过。

资料2

致中国驻巴黎大使
国际联盟理事会主席
陈箓先生

主席先生，

我谨以我在巴黎赛弗尔街①第 35 号的客户勒·柯布西耶与皮埃尔·让纳雷先生的名义向您告知，此附申诉书系由他们向国际联盟所提交，作为批准书，应向他们送达按 1927 年 9 月 26 日大会决议负责评选国际联盟日内瓦办公大楼建筑设计适用方案的委员会所作决定。

我谨请您惠赐援手，在理事会就委员会所陈提案作出决定之前，将这份申诉书提交理事会。而且我的客户可以随时听候理事会召唤，向理事会面陈它认为必要的一切说明。

顺致崇高敬意。

巴黎法院出庭律师
法学院受衔教授
安德烈·普鲁多姆
巴黎乔治 – 维尔街
（RUE GEORGES–VILLE）3 号（第 16 区）

---

① RUE DE SEVRE，穿过巴黎第 6、第 7 和第 15 区的一条主要街道。——译者注

勒·柯布西耶与皮埃尔·让纳雷先生

致国际联盟理事会主席先生

及各位委员会先生的申诉书

巴黎执业建筑师、国际联盟日内瓦办公大楼建筑设计大赛获奖者勒·柯布西耶与皮埃尔·让纳雷签名于下，谨要求国际联盟理事会主席先生与各位委员先生，不要批准按 1927 年 9 月 27 日大会决议负责在大赛获奖方案中选出最能在实用与审美方面满足要求方案的委员会于 1927 年 12 月 22 日作出的决定。

二人谨将其基于如下事实与权利考虑所作申诉的理由陈述于后：

I

1. 大赛设计要求

1926 年 3 月份，国际联盟特别会议决定开启一项大赛，以为在日内瓦湖畔建造一栋国际联盟总部大楼评选出一个方案。由选自欧洲最伟大建筑师的 9 位评委组成、9 位候补辅佐的一个评委会负责：

a）拟订大赛设计要求；

b）审查所有方案并从中选出最能满足设计要求且可以被认定在实用与审美方面最能令人满意的方案；

c）发布方案造价与评语；

d）如果大赛结果许可，作出指定施工方案的决定；

e）撰写一份报告，这份报告将对外公布并由秘书长向国际联盟所有成员国进行通报；

f）保证参赛作品在评比时不得具名。[1]

1926 年 4 月 17 日，大赛设计要求与规则正式公布。要求所有参赛选手设计一座风格纯粹、线条和谐的宏伟建筑，以实用而现代的手法将国际联盟正常运转所必需的一切主要机构悉数纳入，并与因地处日内瓦湖畔、勃朗峰对面而坐拥的雄伟壮丽的背景融为一体。[2]

还特别指出，施工成本、包括建筑师的酬金，"在任何情况下"都不能超过 1300 万瑞士法郎的总额。这个造价应该包括一般意义上的所有设施。[3]

任何一个方案，如果内容不全或不能满足设计要求，或评委会认为建造费用超过了明示金额，都不能获奖。[4]

　　设计要求中还准备了 165000 瑞士法郎的一笔费用，"供评委会奖励它
所认定的最佳方案"。[5] 拟将一笔 140000 瑞士法郎的奖金分别奖励给 8 位竞
争者，计一等奖 30000 法郎，二等奖 25000 法郎，三等奖 20000 法郎，四
等奖和五等奖各 15000 法郎；六等奖和七等奖各 5000 法郎。余下的 25000
法郎，用于供评委会以每份不低于 2500 法郎的鼓励奖分发给未获奖的最佳
方案。并且规定，如果某些奖项未能评出，奖金将作为额外奖分发给获奖
方案。[6]

　　最后，大赛设计要求与规则发给每位竞争者一份，其中包括一条内容
如下的条款[7]：

　　"竞争者参与本次大赛必须接受本规则与设计要求的所有条件。"设计
要求与规则就是大赛的法律，对评委会如此，对竞争者亦然。

　　读完这些资料，看过如此确定的诸项条件，两位签名建筑师遂决定参
赛，并保证投入参赛所需的所有时间与金钱。

2. 勒·柯布西耶 – 让纳雷的方案

　　有待他们解决的问题相当困难。首先要遵守万国宫所在地的地势，充
分利用地形地貌并尽可能保留自然景观，尤其是那些美丽的百年古树；工
程与地址应形成和谐的整体。此外还要——设计要求强制规定——设计出
一座包括两个主体部分的万国宫，或者可以将两个部分分别安排在不同的
大楼里，但以长廊或柱廊进行连接，或者将两个部分放在同一座大楼内：
这两个部分一个要用作大会的大礼堂、理事会的礼堂及其下属机构的礼堂，
另一个用于总秘书处各部室。[8] 大会的大礼堂应能接纳 2600 人以上，留给
总秘书处的部分则应能容纳近 500 名公务员。

　　所以要设计出一个庞大的建筑整体，同样，鉴于两个主体部分的不同
用途，将其组合起来会表现出一种十分实际的困难：因为要将占地面积极
广的办公室区域与会议大礼堂及其附属建筑并行排列起来。这两部分很难
平衡，而且整体效果很有可能会表现得像是混合式建筑。

　　最后，尽管两幢大楼占地面积广阔而且还要将众多设施包括在内，
但还是要把方案严格控制在既定财务界限之内，并同时做到美观、实用
和现代。[9]

　　两位签名者考虑到了所有困难；他们自认为在方案中没有留下任何没有答案的问题。他们的基础设计就是一种风景设计师的设计，在这样的设计当中，巴托罗尼（BARTHOLONI）公园的美妙地势完全被保留下来。在此初步设计之上，还附着着一种技术性设计，包括两幢彼此分离，但却又彼此相连的大楼：首先是一个日常办公机构，即总秘书处大楼，一种名副其实的办公建筑群，其中的每一间办公室都享有最大程度的采光效果，以及最高效率的服务供应；随后，便是与理事会和公共委员会附属楼同在一起的视听机关——国联大会的大礼堂，其巨大的体量很难以一种令人满意的效果来完成，两位签名者依靠古斯塔夫·里昂先生建行普莱耶音乐厅时的研究成果解决了其声学效果问题。礼堂屋顶上还设有露台花园，可以从那里欣赏到格外优美的风景。

　　最后碰到并解决的就是财务问题，首先是由于运用最新的科学数据而使建筑的结构系统得以满足要求；其次，是由于线条与外立面的简化；再次，是由于材料的选择尽量节俭。两位签名者在所有竞争者中是惟一报出完整而细节俱备的工程概算的参赛者，其概算为苏黎世最著名工程师社团的特纳（TERNER）和肖帕尔（CHOPARD）先生所作计算与施工审查报告裁定认可。此概算包括的全部花费共计1275万瑞士法郎。

　　整个方案构筑了一个完全人性化的作品，体现了20世纪建筑作品应当体现的特点，旨在打造的是一个充分表现新时代精神并完全面向未来的办公机构。

　　正是在这样的前提条件下，正是伴随着为满足所有必要要求而尽可能做到完全人性化的强烈意识，两位签名者在大赛规则规定的最终期限、1927年1月27日之前提交了他们的方案，包括各项工程概算。

3. 评委会的审查

　　总共提交了377个方案。评委会的讨论旷日持久，为此召开了64次会议。会上究竟发生了哪些事情？产生了哪些不同意见，分歧各方又提出了哪些解决办法？没有任何官方资料可以回答这些问题。评委会可能出具了一份报告；例次会议也应该做了会议纪要。但他们如此小心翼翼地守口如瓶！为了从形式上满足设计要求第28页有关公布报告内容的条款，他们给所有获奖竞争者寄送了一份评委会报告,随附信件将报告定性为"临时"。

但这份报告如此晦涩、如此不明确，以至于大家不由自主地会想到，这不过是一份有意掩盖报告采纳之前所有争论的概要简述，而且其不温不火、惜墨如金、绝口不提反对意见的叙述方式势必会给人以如报告所述的一致同意的印象。

在这种情况下，有关当事人只能以在媒体上大行其道的不实披露与传闻作为评判依据。他们不知是否该相信深得国际联盟器重与好感的机关报《新欧洲》（L'EUROPE NOUVELLE）的报道，据报道称，"在第 63 次会议上，第 273 号方案（勒·柯布西耶与让纳雷的方案）列第一名，比所有其他方案都更受理事会关注。在极端艰苦的整个讨论过程中，勒·柯布西耶方案是惟一始终赢得评委会 4 名招牌建筑师全票通过的方案"。[10]

到底发生了什么事？《新欧洲》还写道："在这种情况下，勒·柯布西耶与皮埃尔·让纳雷先生的胜利很难让人怀疑。就在最后一刻，这场胜利却遇到了一个意料之外的阻碍。有人发现了一条似乎是禁止使用'机械手段'绘制向评委会所交图纸的规定条文"。[11]

"不过，勒·柯布西耶与皮埃尔·让纳雷先生的图纸同其他方案一样确系墨汁所画，只是为了更清晰计而交由印刷厂印刷'复制'了一下。这条依据给评委们留下了印象。自此，再想给勒·柯布西耶方案以无与伦比的评价就变得愈加困难了，而由于没有任何其他方案可当此殊荣，评委会遂将它所认为的 9 个最佳设计评为并列奖了事……我们可以自问，一个具有如此高等价值的方案就这样因与建筑毫不相干的理由而遭到遏制，而且评委会没有尽到作出单一选择的义务是否说得过去。"[12]

两位签名者不知事实是否果真如此。无论如何，他们希望提请注意，设计要求不包含任何可充作其方案失败借口的禁用机械手段的内容。设计要求只是说："图纸应以水墨描绘而成。"我们遵守了这样的要求；在未曾遇到任何有关选择图纸复制方式禁令的情况下，我们相信，为了更加清晰，同样为了便于在绘图桌上完成图纸绘制，我们有权借助印刷厂的印刷手段。如果当初真是遇到了有关使用类似手段的禁令，那我们一定会予以遵守。因为我们可以不无骄傲地说，很少有哪个竞争者像我们这样对最细微的设计要求也给予了如此珍重且如此精心的关注。正是一种职业的荣誉感与神圣感驱使我们面对任何困难决不退缩，再微小的困难我们也不会试图逃避。

加之，如果存在使用机械手段的禁令，如果该项禁令构成了某项淘汰性条款，则两位签名者的有关违令行为应该会导致其被废除参赛资格的结果。评委会未照此处理的事实正说明这种违规行为并不像人们所说的那样严重。

况且基于如此微不足道的违令所作出的废止决定让人实在难以理解，而大部分竞争者的方案都触犯了设计要求中某项具有淘汰性规定特点的某一基本条款。他们对设计要求规定的 1300 万瑞士法郎的施工成本限制未予任何重视。评委会报告以这样的词汇对此作出了确认："令其十分遗憾的是，它本应注意到，由于绝大部分竞争者'没有对设计要求与规则所规定的物质条件给予足够重视'[13]，它的使命因此变得更加艰难"。所有获奖方案都未能幸免这一指责，今后，这样的事实应像我们后来所看到的那样尽早予以明示。

事实上，我们有理由相信，我们的方案就是某种敌意的牺牲品，这种敌意系基于审美观念的区别，而评委会某些委员对于有别于我们的审美观念是热心支持的。

4. 评委会的决定

不管怎样，在其内部已不可能就某一既定方案汇集起绝对多数的情况下，评委会遂决定以一份不负责任的会议纪要了结此事。评委会"一致"决定，"大赛没有取得可以推荐适用某一方案的成果"。[14]

它还决定不做任何设计要求规定的颁奖行为。但，出于某项多少有些矛盾而且超出其权限范围的决议，对此我们保留予以证明的权利，它颁发了分别为 12000 瑞士法郎的 9 个"并列"奖，以取代 1926 年 4 月 17 日向竞争者宣布的 8 个多等奖，此外还有 9 个分别为 3800 瑞士法郎的一等鼓励奖和 9 个分别为 2500 瑞士法郎的二等鼓励奖。

9 个获奖方案分别是第 117 号（布罗吉）；第 143 号（勒费弗尔）；第 273 号（勒·柯布西耶与让纳雷）；第 298 号 [普特利茨（PUTLITZ）]；第 328 号（拉布罗）；第三世界国家 22 号 [法伦坎普（FAHRENKAMP）]；第 387 号（奈诺与弗雷让奈麦尔），以及第 431 号（瓦果）。

大赛结果以国际联盟秘书长 1927 年 5 月 5 日的一封信向各竞争者作了通报，同时还伴有评委会的一份"临时"报告，这封信还通报说，需列入本报告的后续问题将提交下届国际联盟大会。

5. 由评委会决定引发的后果

评委会的决定引起了强烈的抗议。意大利建筑师同盟甚至还于 1927 年 6 月 27 日草拟了一份观点鲜明的抗议书，1927 年 12 月 10 日版《瑞士建筑报》引用了其中的一段："难道这一切就这样无可挽回吗？我太信任国际联盟领导人的公正，以至于我不能相信这个决定，正是基于这一理由我才致信于您，秘书长先生，以便找到一种改正一项如此有悖正义判决的办法。"、

针对这一比任何人对他们的伤害都更深切的决定，出于其将工作一直做到施工前期研究的投入，出于其他竞争者所做出的未遵守将方案成本限制在 1300 万瑞士法郎之内基本条款的行径，两位签名者自己本来也可以发出一份正式抗议书的。

实际上，大部分获奖竞争者仅限于笼统说明其方案成本为 1300 万瑞士法郎。

不过，这种说法上的不精确并未逃过评委会的眼睛，自 6 月的方案公共展示会开始后，这种不精确则变得更加明显。《艺术手册》（CAHIER D'ART）杂志（1927 年第 7–8 期第 4 页）就此问题谈到："很奇怪，在公共展示会期间，带着'双重三次幂'报价的诸多方案，居然标价如此便宜；而且'它们的施工方式全都极其昂贵'。在以信息准确而著称于世的瑞士工程师与建筑师协会官方报纸《瑞士建筑报》的 10 月 1 日刊上，揭露了本应取代竞争者们自述的 1300 万瑞士法郎的获奖方案实际报价：布罗吉（罗马）4000 万瑞士法郎；艾里克松（ERIKSON）（斯德哥尔摩）1700 万瑞士法郎；勒费弗尔（巴黎）5000 万瑞士法郎；普特利茨（汉堡）3200 万瑞士法郎；拉布罗（巴黎）4300 万瑞士法郎；法伦坎普（杜塞尔多夫）2700 万瑞士法郎；奈诺（巴黎）2700 万瑞士法郎；瓦果（罗马）3000 万瑞士法郎……如此一来，继斗胆增加了九分之八获奖者的藏猫猫游戏之后，国际联盟发现，它所指定的方案比大赛'作为裁定基础而定的'造价贵出了 100%、200% 甚至 300%。"

这个事实，加上评委会对设计要求有关报价条款的无视，足以让两位签名者针对 1927 年 5 月 5 日决定的抗议书言之有据。然而，基于对其事业正义性以及对国际联盟公正性的信任，他们克制了拟定抗议书的念头，他们知道国际联盟推迟了作出决定的时间。

6. 国际联盟大会的决定

然而这项决定却可能为它带来新的失望。1927 年 9 月 10 日，在办公室的建议下，国际联盟任命了一个由 5 名成员组成的有限委员会，负责为就国联新大楼项目所作的决定提出建议。

这个委员会包括以下 5 位代表：安达（日本）；奥苏斯基（捷克斯洛伐克）；波利第斯（希腊）、乌鲁提亚（哥伦比亚）先生和爱德华·希尔顿·杨爵士（英国），5 位都是从未获桂冠的国家中选出来的。

他们接受的委托书内容包括：

1）探讨不同设计图的成本并与可用经费进行比较；

2）研究比较结果。对设计要求标明的财务限制超出到什么程度就可被视为绝对的淘汰前提？在超出此限制的情况下，有没有对设计图进行改写从而将其拉回到成本限制之内的可能性？

3）从适用性与办公机构需求的角度对获奖方案进行研究；

4）在多数设计图遭到淘汰的情况下，或者因不可能将其降至规定的财务限制之下而无法在有利条件下选出某一满意设计图的情况下，有无建议大会增加表决经费的可能性？

5）在大家不认为适宜提出这一建议的情况下，或者在大会没有采纳这一建议的情况下：

a）是否需要继续考虑建造一栋包括所有部室的大楼？

b）或者是否需要在保留秘书处所用大楼现有形式的情况下缩减大会那幢大楼的建造规模？

6）无论涉及财务条件的解决办法是什么，总要选用一套完整的或缩减的设计图。在充分考虑财务、行政和审美条件的情况下，如何在获奖设计图中作出取舍？如果无法取舍，下一步措施应适用怎样的程序？

7）在大会闭幕前，如果作不出一项最终决定，是等到下届大会还是由受委托方做出一个权宜决定？

为确定以上诸点，委员会可以咨询建筑师评委会的所有成员，也可咨询成员中的某些人、大楼委员会的所有成员、秘书长及其全体代表，而且，通常还可咨询所有专家，他们的意见似乎格外中听。

事先已说好，给有限委员会的委托书并无某种局限性；该委员会应可保有相当宽泛的评估权，以便在大家都知情的情况下向大会提出它认为具有实用性的各种建议。

这个专门委员会一刻不停地连续工作着，自 1927 年 9 月 22 日起开始拿出它的报告。在认定不可能在本次大会期间结束对整个问题所作研究的同时，报告却认为，委员会可以从现在开始向大会建议某些原则性决定。

第一项决定涉及工程最高成本。委员会认为，卖掉民族饭店后，可为工程提供 1540 万瑞士法郎的经费。委员会陈述道，在建筑师大赛期间对获奖方案所作的研究让它相信，在不作过度铺排的情况下，要想让新建筑从美观与实用的角度满足今后需求，这笔费用对施工来说尚显不足：据它看来，应该考虑有可能将拨款增至 1950 万瑞士法郎额度的必要性。或许基于这一数额的某些节俭措施也是可以实现的。但一定要让"委员会谨强力坚持强调这一决定的必要性，如果经充分论证，所需大楼确实无法以低于 1950 万瑞士法郎额度的经费盖成，则大会应原则批准将拨款增至约 1950 万瑞士法郎的额度。"

第二项决定是关于方案评选程序的。委员会认为最终方案产生于 9 个获得 12000 瑞士法郎平均奖方案的做法是合理而公正的。它建议授予他们这个专门委员会以必要权力，以便通过可能的修改，选出在它看来最能满足实用必要性与美观可能性的方案。这个委员会当然应配备一切所需技术性辅助手段。它的决定将提交国际联盟理事会审批。

有限委员会的报告既已提交大会第 4 委员会，后者便于 1927 年 9 月 23 日推荐大会予以采纳，同时建议授权有限委员会成员来评选出最终方案。1927 年 9 月 26 日，大会以下列决议批准了上述结论：

"大会批准 5 人专门委员会就新工程所作的报告；

原则批准将新工程所需经费增至约 1950 万瑞士法郎。必须追加的拨款精确数额将提交大会下次会议审议。

批准由下列人员：安达、奥苏斯基、波利第斯、乌鲁提亚和爱德华·希尔顿·杨爵士组成的委员会就在建筑师大赛中获得 12000 瑞士法郎平均奖的 9 个方案进行研究，并经可能修改评选出在委员会看来最能满足实用与美观层面要求的方案。'委员会的决定将提交国际联盟理事会审批；并在下届大会会议上予以通报。'"

正如两位签名者前文所述，这一决定令他们失望至极。大会放弃了构成其方案各项内容计算基础的 1300 万瑞士法郎数额，并因此将其置于比其他未考虑该限制的竞争者更加不利的境地，而该数额限制却是大赛规则宣布的最关键内容。

7. 审查委员会的决定

不管怎样，专门委员会在广大艺术家与技术人员、在国际联盟总部所在国居民相当强烈的不安中开始了工作。前者为现行的一种艺术与建筑趋势可能取得的胜利忧虑不已。其中一些人因所作决定的不公正性而十分激动。为此，瑞士工程师与建筑师社团于 1927 年 10 月 22 日上书国际联盟秘书长，那是一封措词激烈的抗议信，我们后面还会予以分析。[15] 各种杂志报纸都刊登了为勒·柯布西耶与皮埃尔·让纳雷方案辩护的文章。[16] 有些文章将初始经费上浮 50% 的做法归因于为照顾某些严重超标方案作者而施加的影响。[17] 两位签名者并未把所有这些断言都算到那些作者头上。他们只想表明各国针对那些似乎因偏向某些学派立场而低估现代艺术新趋势与公正性要求独立见解的决定所作出的及时反应。在他们看来，尤其珍贵的就是那些为他们鸣不平的干预行为，特别是来自多个国家专业协会的声音，诸如"瑞士制造联盟"、"德意志制造联盟"、德国的"团体"（LE RING）协会、建筑师协会、奥地利工程师与建筑师协会、奥地利制造联盟、阿姆斯特丹的"建筑"（OPBOUW）建筑师、雕塑家与画家社团；以《当下》（PRAESENS）杂志为核心的波兰建筑师与画家群体、捷克斯洛伐克的"幽灵"（MANES）艺术家社团，等等。[18] 他们还充满热情地引用了托尼·加尼埃①、弗朗茨·儒尔丹②等大师级人物以及来自他们国家的大赛评委霍夫曼、贝尔拉热和莫塞尔先生所提供的证据。[19]

然而专门委员会依然故我地在一片难以勘透的神秘气氛中继续着它的工作。如果报纸所说属实，在委员会内部，各种势力争斗正酣，尽管委员会所属专家意见与之相左，但曾经处于优越性的勒·柯布西耶与皮埃尔·让纳雷方案在各方势力的争斗下最终仍落了下风。[20] 两位签名者不知道，是否如人们所说，技术问题最终让步于政治问题，处境尴尬的委员会成员们大约是通过妥协以外交手段解决这些政治问题的。[21] 一如既往，在经过自 1927 年 12 月 19 日至 22 日的三天争论后，这个专门委员会终于以

---

① TONY GARNIER，1869–1948 年，法国建筑师、城市规划师。——译者注
② FRANTZ JOURDAIN，1847–1935 年，法国建筑师、文艺批评家、文学家。——译者注

通过下列决定的方式完成了使命[22]：

"5 人大使委员会……着手对下列各方提交的报告进行了研究：1）国际联盟秘书处；2）由委员会任命的两位建筑师，而且该委员会还在提交其审查的 9 份方案的详图中核实了他们的结论。它还审查了由瑞士联邦政府和日内瓦州政府任命的瑞士专家提交的报告。

委员会首先关心的就是如何界定由大会交办的任务。

委员会一致认为，其所受委托迫使它必须在 9 个获得一等奖的方案中选出一个，但其所领受的仅通过可能的修改作出选择的权力让它为作出修改开始借鉴其他方案，并最终向选定方案的作者建议，要与其他方案的作者通力合作，不仅要做出新的方案，而且还要考虑如果可能这个方案如何施工。

这个委员会因此一致达成如下结论：

1）在它看来最能满足实用与美观层面要求的方案就是标有第 387 号、作者为奈诺和弗雷让奈麦尔的方案；

2）然而，委员会也指出了该方案存在的缺陷，并提出了补救建议。

第 387 号方案的作者应该与第 117 号方案的作者（布罗吉、瓦卡罗和弗朗齐先生）、第 143 号方案的作者（勒费弗尔先生）和第 431 号方案的作者（瓦果先生）以及国际联盟秘书处合作做出一个新的方案。

3）选作基础的方案作者及其上述合作者将被邀请做出一个新的方案，以便对委员会指出的不足做出修改，而在最终接受并提交理事会审批之前，委员会则保有评估新方案的充分自主权；

4）考虑到洛克菲勒先生为修建与维护图书馆所作出的慷慨捐助，委员会认为，在所选方案中，应撇开图书馆现有设计，为图书馆做出新的设计。

要为新图书馆做一个独立方案。

5）在向委员会介绍万国宫与图书馆的两个新方案时，建筑师们必须说明施工所需全部费用；这笔用于兴建秘书处和大会礼堂的费用在任何情况下都不应超过 1950 万瑞士法郎，包括建筑师的报酬。图书馆的总费用，包括建筑师的报酬，将在 400 万瑞士法郎左右。

6）在向委员会提交上述两个方案时，建筑师们还要说明，在其设计图被理事会最终批准后，他们希望用怎样的方式（包括每位建筑师的酬金问题）接着进行按图施工与分工合作。

7）委员会还认为，如果具有可能性和可行性，最好能让方案中的大楼面向勃朗峰，大楼还要盖得收敛一些，以便最大限度地保留湖周围的树木，将邀请建筑师们就此发表观点并提交其设计图。

8）所有共同参与新方案工作的建筑师都要在上面签字。"

1928 年 1 月 16 日，就在上述决定作出之后，各相关方收到了国际联盟秘书长的一封信，信中写道：

"正如各位经同媒体所悉，受大会委托负责评选国际联盟新大楼方案的专门委员会，在 1927 年 12 月 19 日至 22 日的最后一次会议上作出决定，以标有第 387 号的方案为基础，结合第 117、143 和 431 号等其他方案，做出一个新的方案。

据此决定，已经不必再保留各位好意提供给国际联盟的那份方案了。如蒙告知此份方案应按何地址并以何途径回寄各位，本人将不胜感激。

对于各位惠赐方案之善举，谨致深切谢意。

顺致崇高敬意，云云。"

这封信已经把委员会所作决定视为最终决定，而且根本没有提及报经理事会批准的必要性。读着这封信，让人似乎感到，它其实只是一种形式，写信人早就知道结果了。两位签名者承认，既然 1927 年 9 月 26 日的大会决定中对此已做出正式保留，则读罢此信他们毫无惊讶之感。

5 人大使委员会的决定受到的评价千差万别。有很多人从中看到的都是旧式建筑设计的胜利以及自 19 世纪的艺术变革的停滞。而且这种看法居然来自最主要的获胜者奈诺先生。他在 1927 年 12 月 24 日接受《绝不妥协》采访时用下面的话表述了这一观点：

"我为艺术而高兴，仅此而已"，今天早上，奈诺先生本人欣然告诉我们："'自法国队加入之日起，它的目的就是要打败野蛮。'我们称之为野蛮的就是某种建筑学，或者更确切地说是一种反建筑学，近几年来，它在东方和北方欧洲甚嚣尘上，其可怕程度一点也不亚于那种'挥鞭猛击'式风格，我们有幸于 20 多年前埋葬了这种风格。这种野蛮把历史上的所有美好时代全都否定了，而且，不管怎么说，还侮辱了民意与高雅品位。'它终于处在了下风，一切顺利。'

过程极其艰难，而且代价高昂；实际上，几乎各国都为它们的冠军选手提供了补贴，因为每个竞争者都要提供 21 张大图，成本高得吓人。一位英国秘书（也就英国人想得出来）自娱自乐地把 370 份来稿头尾相连地排了一下。一共有 14hm 长。"

这种表白很能说明问题。奈诺先生并未将参赛视作为无趣艺术付出的努力，而是作为粉碎令法兰西学会和美术学院不悦的敌对趋势的手段。对他来说，首要问题不是设计作品，而是派系斗争。

他敢于以明显的错误作为其精神支撑，那就是无视现代建筑变革确已植根于 19 世纪和 20 世纪法国的事实。

II

在不得不接受的现实面前，两位签名者认识到，无论是出于公正性还是正义性，他们面对源自国际联盟的决定都不是孤立无援的。

今天，这已经是为所有文明国家所承认的一个原则，即一个主权国家绝不能为拒绝其对个人应承担的义务而将主权推卸得一干二净。根据法律规定，他们两位为行使权利而可以履行的程序不止一种：要么上诉司法管辖机构，不管是对簿普通法庭还是诉诸特别法庭；要么针对国家主权请求行政异议。这些救济手段要么或多或少地丰富了抗辩性，要么或多或少地限制了抗辩性。但我们绝对不会被所有救济手段都粗暴地拒之门外。

国际联盟作为可行使最终否决权的主权国家联合体，绝不应该回避其应当适用的诸项原则，其对原则的支配权受到了所有成员国的承认。就因为它是这样一个组织机构，拥有在国际关系中以正义力量逐渐代替强权力量的使命和宗旨，它就更能够掌控这些原则。但我们只看到，在否认构成其存在基础和存在宗旨的诸项理念的同时，它试图隐身于其主权背后，面对为那些对它信赖有加的人们应尽的义务，它明哲保身地选择了不作为，选择了回避适用那些由它亲自制定的诸项规则。当我们一再坚持这种观点的时候，我们宁愿相信是我们错怪了国际联盟。

也许，不存在任何可供当事人申诉权利的司法机构。可这样的司法机构难道不需要至少有那么一家吗？诉诸国联本身、出于好意引起它对自己或其代理机构可能犯下错误的关注，以让它尽到予以修正的义务难道还不够吗？

我们向国际联盟陈述的这些规则都是充作所有文明国家立法基础的规则；也是构成实体法律基石的自然权利原则；但它们首先是公正性的要求。

而且，国际联盟的实践难道不是已经在朝这个方向迈进了吗？我们自认了解，它已多次面对由个人提出的上诉，特别是来自辞退公务员的上诉，而且在某些情况下，它还履行了对他们应尽的义务，也就是对他们进行了补偿。

正是援引这样的案例，我们才对摆在您面前的司法问题进行一再审视。

为此，我们应对以下三种决定作出连续反思：

a）大赛评委会于 1927 年 5 月 5 日作出的决定；

b）国际联盟大会于 1927 年 9 月 26 日作出的决定；

c）5 人大使委员会于 1927 年 12 月 22 日作出的决定。

8. 论大赛评委会决定的合法性

这种合法性要通过对比设计要求和大赛规则来进行评估，根据写在第 23 页的条款[23]，大赛规则构成的就是参赛各方的法律准绳。

按此观点，应该首先反思对评委会所作决定有无可能进行进行补救，这种补救的可能性是否并不处于被第 29 页的前一句话所排除的状态，因为根据行文，评委会的决定就是"最终的"决定。

国际联盟秘书长在答复意大利建筑师团体 6 月 17 日拟就的申诉书时支持了最终性的说法。[24]他说道："正如各位自己经由设计要求所获悉的那样，评委会是掌控其日程并按照自己的方便来保证其工作进度的惟一仲裁人。它的决定对我们如同对各位竞争者一样都是最终的。"[25]

这种不予受理的结局是不能成立的。评委会掌控日程与工作进度的权利与其为开展此项工作而作出的究竟该颁发何种奖励的决定是毫不相干的。至于上诉权的排除，它所指的只是，竞争者以参与大赛的行为，在事实上放弃了对评委会决定法律依据的异议，特别是对这一个而不是另一个方案的选择决定。但他们不可能放弃、更不可能提前放弃对评委会在方案审查与奖金发放过程中承诺遵守的规则作出评判。同样，以法国法律为例，按照一种人所共知的区别做法，可以对某项成为最终裁决的决定，也就是最终的决定所构成的违法形成撤销权，在我们这起案件中，基于评委会违反大赛规则的上诉是可以被受理的，哪怕为某参赛选手颁奖的决定不可能成为最终决定。

无需深入探讨，不可能看不出来这里存在某种向最高权力机关国际联盟大会提出异议性上诉的可能，正是大会指定的评委会并确定了对它的委托授权。

那么此案是否存在类似的上诉基础呢？两位签名者认为是存在的。对1927 年 5 月 5 日与颁奖有关的决定还有第二个要点，签名者认为与设计要求第 26 页的契约有悖。有关这些契约的内容上文已经述及[26]，它规定一共颁出 8 个奖项，从高到低分级，自 30000 瑞士法郎到 5000 瑞士法郎不等。不过，评委会却完全打乱了这一分级，以 9 个 12000 瑞士法郎的平均奖代替了上述 8 个分级奖。

关于这一点，评委会的决定似乎并不合法。也许，它有权不颁发所有奖项，但，即使这样做，它也应该考虑建立分级制度。比如，如果它要取消一等奖，它就应该分发两个二等奖；如果它要连一等奖带二等奖全部取消，那它就应该颁发一个三等奖；以此类推。如果它要取消所有既定奖项，那它就只能颁发鼓励奖。实际上，取消奖励办法中的分级和分类，就改变了选手们决定据之参赛的基础；从道义上讲，这种改变不再能让选手们与比赛对手分出明显高下；而从奖金上看，这种改变也剥夺了选手们获得一直定到五等奖还都全部高于所颁 12000 瑞士法郎的收益权。最后，抛出第 9 个奖项的做法还在某种程度上弱化了奖金的价值，如果限制获奖人数，其价值显然会更高。

这些批评已经在瑞士团体于 1927 年 10 月 22 日致国际联盟秘书长的信件中写得清清楚楚。[27]"一项为众多国家,特别是瑞士所广泛接受的原则，规定某项大赛的设计要求必须被视为评委会与竞争者之间的合同。对此，国际联盟的设计要求包括两项主要指令：

1）由评委会向最佳方案颁发 30000 瑞士法郎的一等奖,随后逐级降档，直至 5000 瑞士法郎的鼓励奖。

2）最后施工的成本，包括建筑师的酬金，不得超过 1300 万瑞士法郎。

我们在评委会的决定中没发现这些原则，它的决定涉及 9 个 12000 瑞士法郎的"并列"奖，没有分类，也没有为大会和理事会需要作出的最终决定提供任何基础。"

两位签名者确实可以在此基础上提起指向评委会的上诉。他们没有这样做，因为这样的上诉其实只能向国际联盟大会提出。不过，他们受到秘书长 1927 年 5 月 5 日信件的提示。信件提示他们，国际联盟其实已经清楚了问题的全部内容，再向大会提起针对违反大赛规则的上诉已经没有意义。况且他们希望的是大会能摆脱扰乱评委会决定的派系斗争影响，对他们所付出的努力还以公道，严格遵守被其他竞争者忽视的设计要求规定。

我们前文说过，两位签名者已经备感失望。

9. 对大会 1927 年 9 月 26 日决议的指问

评委会的否定性决定无疑将大会置于十分尴尬的境地。它还有三种选择：

a）重开比赛；

b）自行在提交方案中作出选择；

c）将选择权交予称职之人。

重开比赛困难多多。到可以作出决定的时候就至少晚了一年了。新比赛的结果很难与老比赛有所区别；有待解决的问题依然如故，选手们很可能还会故伎重演。如果要他们修改设计，又怕他们抄袭其他竞争者，那又会出现极端敏感的艺术著作权问题。这个办法因此不予考虑。

第二个办法显然超出了大会权限。它最多可以拿出一份报告，说明是哪些获奖选手达到了比赛要求，指明哪些方案可能入选。这种操作方法不可避免地会导致对勒·柯布西耶–让纳雷方案的采纳，因为他们的方案是惟一符合造价限制的方案。

第三个办法也不无风险。既然第一任评委会未能完成任务，就该以一个新的评委会取而代之，新的评委会应同样慎重挑选，由新人组成，也许有更多机会在其内部形成某种多数。但在问题没有得到解决的情况下，指定新评委会成员的举动本身又会先构成名副其实的指向性裁决。

受提交上来的各份报告影响，大会未能采纳其中的任何解决办法。它决定：1）不重开比赛，而是让人在获奖方案中作出选择；2）将选择权交给一个非技术委员会，后者可以求助于其任意选定的技术人员；3）为给评选工作提供便利，对设计要求中被获奖方案视为制作基础的规定内容作出修改，把工程施工成本的最高限额提高 50%。

这项决定的第一个要点系为情势所迫。但另外两项修改则极大地变更了竞争者的处境。

竞争者们将改由极具名誉性的人员进行评选，而不是由他们熟知名字与专业价值的技术人员来进行评选，而前者的裁决又不一定会听取由其任意选定的技术人员的意见。

这项决定的第三个要点更加令人遗憾。它完全颠覆了大赛的基础，给诸如勒·柯布西耶和让纳雷这样严格遵守造价限制的选手造成了无法修复的权利损害。在此需要重申一下设计要求的原话："工程成本，包括建筑师的酬金，'在任何情况下'都不能超过 1300 万瑞士法郎的总数"（第 16 页）。"任何方案均不得获得奖励……只要评委会认为其工程费用超过了指定数额"（第 22 页）。

所有方案都应该以此为基础进行评选。从这一刻起，这项"不重开比赛"，但却认为应当重评第一轮比赛结果，就像设计要求中的数额原本就是 1950 万瑞士法郎而不是 1300 万瑞士法郎似的决定是怎么想的呢？其明显目的不就是要照顾那些没有遵守限制要求，最后本应因损害遵守规定者利益而被排除，但却受益于这个要点而与那些遵纪守法的选手平起平坐的竞争者吗？

此外，还有一点很明显，那就是规定的工程成本从一开始就对方案设计本身造成了巨大影响。要是勒·柯布西耶与让纳雷先生当初也打算花上它 1950 万瑞士法郎而不是 1300 万瑞士法郎，那他们也能拥有更大的设计自主权；他们也会使用更为昂贵的物资，设计出另外一种装饰风格：其方案的一切节约考虑也都会相应改变。怎么能就这样在不准他们提出新方案的情况下从法律上强迫他们与那些毫无造价顾虑地设计其方案、彻底放开手脚地进行其装饰与建筑设计的其他选手们一起参赛呢？

因此，大会决议严重损害了勒·柯布西耶与让纳雷先生获得的权利。他们本来能够——必要的时候他们依然能够——通过异议上诉的途径向大会提出争议，对此，大会是不能回避审议的，它不能不承认为国际联盟各成员国在行政层面普遍接受的各项原则，也不能作出真正意义上的拒绝审判决定。

两位签名者之所以没有进行这样的上诉，当然他们在必要时还要保留这样的权利，是因为他们想到，他们事业的公正性如此明显，5 人委员会不能不向着他们说话。实际上，除了艾里克松先生的方案，所有他们从此要与之竞赛的方案甚至全都超过了 1950 万瑞士法郎的新限制。只需重申《瑞士建筑报》在前文中述及的数额[28]：艾里克松，1700 万瑞士法郎；法伦坎普，2700 万瑞士法郎；奈诺，2700 万瑞士法郎；瓦果，3000 万瑞士法郎；普利茨，3200 万瑞士法郎；布罗吉，4000 万瑞士法郎；拉布罗，4300万瑞士法郎；勒费弗尔，5000 万瑞士法郎。1950 万瑞士法郎的限制如果能得到遵守——而且没有任何理由可以假设它不会受到遵守，也只应该让他们的方案与艾里克松的方案同台竞技。他们因此认为，在采取行动之前大可以先等一等 5 人大使委员会的决定。

他们不太可能想到，恰恰是这两个报价低于新限制的方案却被排除在外。

10. 5 人大使委员会的决定

还是回顾一下大会授予 5 人大使委员会的委托书吧。这个委员会要在考虑新的 195000 万瑞士法郎限制的同时，对在建筑师大赛中获得 12000 瑞士法郎平均奖的 9 个方案作出研究，并经过可能作出的修改，选出在委员会看来最能满足"实用与美观层面要求"的方案。

这项决议的意思再明确不过：那就是在大赛评委会自称无力作出选择后，代替它从获奖方案中作出选择，同时，如果需要修改，还要说明对选中的方案作出了哪些修改，究竟是为了更加实用或美观，还是为了考虑工程的成本限制。但"几乎相当于在这些方案中再搞一次比赛：总得从中选出一个来。"

委员会这么做了吗？完全没有。它直接宣布，最能满足实用与美观层面要求的方案，就是奈诺和弗雷让奈麦尔先生的方案。很快，它又宣布，鉴于这个方案存在缺陷，"要由第 387 号方案的作者与第 117 号、第 143 号和第 431 号方案作者与国际联盟秘书处一起合作'做出一个新方案'"。它还说明，"选作基础的方案作者及其合作者……将被邀请一同做出'新方案'，以便实施由委员会向其提出的修改，'而委员会则在最终接受前保留对方案进行评估的全部自主权'"。

总之，委员会为了从形式上满足其委托书中的措词要求，便指定了奈诺和弗雷让奈麦尔先生的方案。但随即，它又决定，该方案应由另外一个与其他 5 名建筑师和国际联盟秘书处合作做出的方案代替。"它选择的是建筑师，而不是某一方案。"

这可不是它所接受的任务。它感觉到了这一点，并试图解释它的姿态，为它所受的委托下一个定义，字里行间流露出了它的左右为难。这个定义毫无用处，因为委托书写得不能再清楚了：它其实是想篡改委托书的内容。

两位签名者不知道，根据某些媒体文章[29]，这样的姿态是否是委员会出于在其所选方案不同支持者的影响力之间寻求妥协的必要性而不得已为之。它不想得罪任何人，于是就把最有来头的选手合在了一起。这种行事方法从外交上讲也许是最容易的。而从技术上讲，我们自然会看到这样做引起的反响；那就是它完全违背了正义与公正。

实际上，就在委员会摆脱必须选出一个方案的麻烦时，1927年9月26日的决议又为其构筑了多层保护中的一层，让所有其他竞争者尽数消失。这样做并不令人赞赏，并不是所谓能形成合力的集体设计，而只是它最基本的想法，再说确切点，这就是它心目中试图诠释其基本想法的设计方案给人造成的印象。这样一来，他们就可以堂而皇之地无视所有与施工有关的规定了，像什么建筑的立体感、对地势造成的影响、材料的选择、设施的布局、会议礼堂的声学问题，最后还有工程的总成本问题。这一切都可以不作数了，因为这一切都可以任意改动，只要设计方案给出的总体印象多少像那么回事就行了。从根本上讲，5人大使委员会的决定要的就是这个效果。而这样一来，两位签名者的优越性、他们为追求所有部位和所有细节都令人满意，并同时做到最大节约化的方案而仔细推敲出来的所有设计构思就都不存在了。也许人们都会对其方案的完美和实用性表示敬意；可能还会基于此敬意而承认他们的方案高于所有其他竞争者的方案。但当他们只用其他竞争者的方案作为总体基础去制作新方案、舍掉其他竞争者方案的所有缺陷、轻而易举地为这个新方案赋予——不显山不露水的他山之石，谁知道呢——的时候，勒·柯布西耶与让纳雷方案的所有优越性还有什么意义可言呢？

要是两位签名者没有言过其实，要是他们在这次申诉中对国际联盟的最高权威不打算给予应有的尊重，那他们就会说，他们所遭遇的是一种撞大运的程序，撞大运的结果就是曲解1927年9月26日决议为小规模比赛设定的所有条件，以及因此而给他们带来的最严重的损害。

这项决定的所有任意性还可以归结出它的第7个要点，那就是："委员会同样认为，最好能够……让新方案中的大楼正面朝向勃朗峰，并尽量向内缩进，以最大限度地保留生长在湖边的树木。"而勒·柯布西耶与让纳雷的方案也正是这么考虑的。被指定作者的这个方案并没有最为充分地意识到设计要求的这项根本性条件：让他们拿出来的应该是一个全新的方案。而这就更加清晰地导致了第 8 个要点："新方案将由参与设计的所有建筑师联名签署。"被国际联盟总部采纳的方案"因此将不再是一个奈诺 - 弗雷让奈麦尔方案，而是奈诺 - 弗雷让奈麦尔 - 布罗吉 - 瓦卡罗 - 弗朗齐 - 勒费弗尔 - 瓦果方案[30]。"由诸多方案参与的那次大赛该怎么办？ 1927 年 9 月 26 日的大会决议又该怎么办？

5 人大使委员会还在另外一个问题上超越了权限。我们知道，洛克菲勒先生为国际联盟图书馆慷慨捐赠了一笔 200 万美元的赠款。其中一部分将用于修建图书馆。5 人大使委员会却把图书馆排除在了新方案所包括的大楼之外。这是一项基于新做法的改变，而且没有超越其使命的范畴。但它实际上走得更远：它自行批准动用 400 万瑞士法郎，也就是图书馆工程的最高限额，这可是一笔游离于万国宫规定的 1950 万瑞士法郎额度之外的费用。它还自行决定，图书馆的建造方案将由被授权制作万国宫方案的那些建筑师来做。我们在大会决议中根本找不到批准其如此操作的任何规定。应该由大会就洛克菲勒赠款所致情形的后果进行讨论，并确定图书馆工程的最高成本，决定以何种条件对承担建造工作的建筑师作出选择，同时就诸如是否为此举行专门的新竞赛作出决定。

因此，当事人认为，5 人大使委员会 1927 年 12 月 22 日的决定是不合法的；它没有遵守大会委托书中的规定，随意改变了规定内容的范围；侵犯了竞争者从 1926 年设计要求与大赛规则以及从 1927 年 9 月 26 日大会决议中获得的权利，这项决定应最终予以废止。

他们还认为，他们要求国际联盟理事会废止此项决定的依据，不仅来自各国普遍适用的法律总体原则，特别是行政性法律。按照这些法律，任何人都可以将下级机关的决定诉诸上级机关，而且还来自 1927 年 12 月 26 日大会决议内容本身，其最后一项条款是这样写的："该委员会之决定将提交国际联盟理事会批准，并将于下届大会会议予以公布。"

从这项与上述原则相契合的条款当中，可以得出结论，那就是一种允许所有当事人从事实上以及从法律上就委员会决定向理事会提出质疑的、可以称之为"充分司法上诉"的做法是存在的：因此，"废止上诉"和"变更上诉"两种可能性都是同时存在的。

第一种上诉刚刚启动，现在要考察的是第二项的法律依据。

11. 与 5 人大使委员会决定具有的实际缺陷

两位签名者不再就此重复有助采纳其方案的所有实用、美观与财务方面的理由了。他们将仅仅引用众评论者中的两位的意见。

贝尔拉热先生与其一部分荷兰同仁于 1927 年 11 月 25 日为《艺术手册》撰稿写道[31]：

"在处理好了与外立面有关的所有美观问题以外，勒·柯布西耶与皮埃尔·让纳雷方案还在尊重地势、尊重外部与内部交通、尊重比例以及尊重大会大礼堂声学效果方面表现出了无可争议的优越性。"

莫塞尔先生 1927 年 12 月 6 日为同一杂志撰稿写道：

"在为修建国联总部而提交理事会的 377 份方案中，只有勒·柯布西耶与皮埃尔·让纳雷的方案应该予以实施，无论基于其美观还是实用的设计质量。

钟情此方案理由如下：尊重地势、保全公园以及最美丽的那部分树群；外部交通结构务实，尤其是汽车交通；总秘书处与大会礼堂分布得尽善尽美；办公室与会议室照明合理；大会大礼堂设计完备，其良好的声学效果已得到现有实例的科学保障：巴黎的普莱耶音乐厅[32]；使用绝对可靠的建筑手段；将方案保持在大赛规则规定的限额之内。"

两位签名者充满信任地将这些例证提交理事会并要求理事会找寻其他客观证据。

但他们此刻要指出其方案相对于 5 人大使委员会决定要求制作的新方案存在的一个优越性。他们的设计就是一个方案：委员会指定与秘书处各部室联合工作的建筑师小组所设计的则是一个拼凑方案。对基础方案所作的必要削减势必会破坏其统一性。另一方面，每位建筑师、每个代表本国的门派都想把自己的招牌印到建筑上。将四个方案的作者组合在一起的妥协精神，也将会从混合成一个方案的过程中再次显现；如果再考虑到某些入选方案本身已经具有一种强烈的拼凑性质，我们可以预料，最后出自联合建筑师之手的，将会是一个不太可能按照大赛设计要求符合风格单纯、线条和谐、与选址地势自然融为一体的楼群建筑体[33]。委员会似乎对这一结果也心存担忧，因为它保留了在最终接受之前对新方案进行评估的全部自主权。[34]

另一方面，还应该想到，在这样一种权威荟萃的体制内，争论肯定会十分漫长，斗争肯定会十分激烈；他们在达成一致前肯定需要大量时间。如果再加上委员会对其作品进行复审以及按委员会要求对图纸作出修改所拖延的时限，就应该预想到，在新总部奠基之前还会流逝不知多少个月，而不是，所有前期研究业已完成，只要理事会投以造成票，勒·柯布西耶与让纳雷方案明天就可开工。哪怕理事会在决定原则采纳此方案的同时要就其中几点进行复核，以将提高财务限额和就图书馆所作新决议的因素考虑在内，以两位签名者当初准备其方案时的方式，也保证会在最短时间内完成这样的修改，同时绝不会影响到整个艺术作品必不可少的统一性。

最后，两位签名者还要提请理事会注意一下 5 人大使委员会未曾要求新方案作者作出任何不超过 1950 万瑞士法郎限额保证的做法。它只是说，"建筑师们需要就施工所需的全部费用作出说明；这项花费'在任何情况下'不应超过 1950 万瑞士法郎，包括建筑师的酬金。"这与大赛设计要求确定 1300 万瑞士法郎限额时使用的句式完全一样。理事会知道被选定方案的作者们曾是怎么看待这个问题的：尽可能地把价码抬到最高，以避免'事实上的'被淘汰。谁能保证他们面对新限额不故伎重演、保证他们的声明不像上次那样纯粹是走形式、好再把联合制作的方案从 2700 万瑞士法郎抬高到 5000 万瑞士法郎？等到出自其合作之手的方案被采纳后再看，要么就是我们彻底搞错了，要么就得准备他们提出抬高限额的新要求。

相反，两位签名者可以以一个大型工程师团体、苏黎世的特纳和肖帕尔公司的保证书作为担保，并准备以理事会认为合乎要求的任何方式履行这一担保。

III
结论

在这份冗长陈述的最后，也该把国际联盟理事会的教义公之于众了。

它已经意识到了各门各派所持立场及其自尊情结的实质，面对这一切，勒·柯布西耶与让纳雷方案不得不败。

确实为竞争者定出过一个设计要求：在予以严格遵守，按照整体设计的要求与选址地势保持协调，致力于解决选手所面临问题的一切难点之后，他们以为他们就拥有了所有机遇。他们没有想到，其他那些不如他们遵守大赛条件的竞争者最后却逐步消除了他们以艰苦努力为代价获取的排名优越性。

他们是惟一遵守造价限制的参赛者；其他选手按规则要求都应被排除在外，至少也要排在他们后面。在使评委会疲于应付、阻止其内部形成多数的同时，放弃抵抗的评委会被迫从其主要任务、选出一个方案的位置开始后退；不得不以9个平均奖代替了预定的8个分级奖，从而把所有获奖竞争者放在了同一起跑线之上。

但源于遵守财务限额的优越性对于两位签名者来说依然是过于强大的优越性：于是就又有人唆使大会提高原有限额，以新的限额取而代之，这样做只会有利于那些责任心不强的竞争者。

在一项技术型比赛中，由技术人员而不是由名誉性人物承担评选责任本是再自然不过的事，他们也许有名，但他们没有技术造诣。

最后，由大会授予该委员会的那份在获奖方案中再搞一轮比赛的委托书，还是太过详细，于是又有人唆使委员会对此作出解读，解读改变了委托书的意思，以选出制作新方案的建筑师取代了选出一个方案的说法。为了达成妥协，又把背景完全不同的作者拼凑到这个作品当中，这些作者惟一的共同点就是展示其指向过去的设计手法。

两位签名者最后谨向理事会要求：

1）拒绝5人大使委员会1927年12月22日的决定，以及大会1927年9月26日决议最后一条的强行批准；

2）采取一切措施，这些措施应是按照作为大赛实施基础的、被发给5人大使委员会的委托书借鉴过的各项原则，以挽救两位签名者的合法权利与利益。

在保留今后应行使权利的同时，他们认为，作出如此裁决，您就是在主持公道。

1928年2月28日于巴黎

勒·柯布西耶与皮埃尔·让纳雷

注：

1. 参见设计要求第 28 页。

2. 参见设计要求第 7 页。

3. 参见设计要求第 16 页。

4. 参见设计要求第 22 页。

5. 参见设计要求第 26 页。

6. 同上。

7. 参见设计要求第 23 页。

8. 参见设计要求第 9 页。

9. 参见设计要求第 7 页。

10.《新欧洲》,1927 年 9 月 17 日刊。根据霍夫曼先生发表在《德意志建筑报》(BEAUZEITUNG,德国最著名建筑期刊——译者注) 上的文章,此处指他本人、莫塞尔、泰格布姆和贝尔拉热先生。

11. 此处指设计要求第 20 页所列如下一句话："图纸应以水墨描绘而成。"

12.《新欧洲》,1927 年 9 月 17 日刊。

13. 评委会报告第 2 页 2 号附件。

14. 同上。

15. 参见本申诉书第 24 页。

16. 参见《瑞士建筑报》1927 年 7 月 9 日版第 13 页；1927 年 10 月 29 日版第 239 页；1927 年 12 月 10 日版第 314 页；《建筑》(STABVE, 布拉格的建筑师杂志) 1927 年 11 月版第 67 页以及如下刊物：《新欧洲》,1927 年 9 月 10 日及 17 日版；《绝不妥协》(L'INTRANSIGEANT, 创刊于 1880 年的法国日报——译者注), 1927 年 11 月 10 日版和《意见》(L'OPINION, 法国报纸——译者注), 1927 年 12 月 10 日版；《艺术手册》杂志第 7、8、9 期, 特别是第 9 期第 15 和 16 页刊发文章。

17. 参见《意见》1927 年 12 月 10 日版第 17 页。

18.《艺术手册》第 9 期第 13 和 14 页。

19.《艺术手册》第 9 期第 11、12 和 13 页。

20.《新苏黎世日报》(NEUE ZURCHER ZEITUNG), 1927 年 12 月 27 日第 2 版第 1 页。

21.《新苏黎世日报》,1927 年 12 月 27 日版。

22.《日内瓦日报》,1927 年 12 月 28 日转载文章。

23. 见上文第 3 页。

24.《瑞士建筑报》,1927 年 12 月 10 日版第 314 页, 上文曾经述及。

25. 同上。

26. 见第 2 页。

27.《瑞士建筑报》,1927 年 10 月 29 日版第 239 页。

28. 见上文第 10 页。

29. 见上文第 15 和 16 页所引文章。

30. 奈诺先生充分意识到, 这项决定削弱了他的成就范围。因为, 当《绝不妥协》总编向他提出问题 (1927 年 12 月 24 日的采访) 时, 他回答说, 他希望与外国同行达成一致的最关键标的物就是图书馆；不过, 它所涉及的可是整个方案。

31.《艺术手册》,1927 年第 9 期第 13 页 (见附件 3)。

32. 为说明此事重要性, 我们要强调一下, 在提交的 377 个方案中, 只有 10 个考虑了礼堂的声学问题。

33. 设计要求第 7 页。

34. 1927 年 12 月 22 日决定, 第 3 要点。

资料 3

国际联盟

1928 年 6 月 25 日

律师先生，

万分遗憾，我只能向您再次确认我 1928 年 3 月 31 日的致函内容。

正如您不可能不知道的那样，个人是无权将理事会诉诸国际联盟的。另外，原则上，我无权将来自非官方渠道的通信提交给该机构。

顺致崇高敬意，等等

副秘书长

S·保卢西斯·德塔尔伯尔·雅尔夫

（S. PAULUCIS DE TALBOL JARVE）

致 上诉院律师

安德烈·普鲁多姆先生

乔治 – 维尔街 3 号

* *

从日内瓦回来后，一位极其尊贵的大人物告诉我们："如果世界各巨头（国联理事会部长）真打算了结此事，我们是可以说服他们的。但来自最高秘书处的反对却持续不断、毫不松懈。您做的是工作型万国宫。可他们现在要的却是一个为各成员国尊严和各代表团尊严锦上添花的万国宫。

此外，这些先生们也不能接受让汽车就停在他们脚下。"

资料 4

《艺术手册》，1927 年 11 月，第 9 期

谁来建造国联总部?
Ⅱ 现状

战役完全不是在首轮获奖的 9 个方案中的这几个或那几个之间打响的。这是一场双重的原则之战：

支配权之战（外交战）；

旧式精神对现代精神之战。

在此过程中，外交战是不可避免的，而且完全有可能发展到通过一种私下交易一战定终身地突然了结问题，交易中无时无刻不在争论建筑学问题，各总理公署内充斥着极度的仇恨、猜疑，主席台上抛给热爱幻想的民众的，是洋溢着手足深情的热切讲话，背后却隐藏着我们看不到的阴谋诡计。

令所有人惊愕不已、令英国与意大利心神不宁，戴着弗雷让奈麦尔先生的瑞士面具的"出自法兰西学会美术院主席之手的'奈诺式万国宫'"是否就是这样在最后一分钟胜出的呢?

到了现在，这个问题就让专家们去操心吧；如此了结只能残忍地唤醒舆论（舆论就是民众，也是国联的一块心病）。但舆论归舆论，生米已经做成了熟饭。

自日内瓦方案展示会以来，舆论一直专注于展现其日益强大的信条。万国宫事件在精英世界成了宣布新精神降临的绝好借口。强烈地、猛力地、一而再再而三地、令人不胜其烦地宣布着。各种声音不约而同："我们需要新精神。没有新精神，国联便失去了意义。"

面对大人阁下们畏首畏尾的胆小怕事，我们该这样解释：奥斯曼曾是一种新精神；路易十四曾是一种新精神；尤利乌斯二世[1]曾是一种新精神；完成大教堂杰作的大师们曾是一种新精神。所有抛弃过去，打破父辈传统的人都具有新精神，因为他们掌握了新的手段，建立了"新的世界"。"而

---

[1]　JULES Ⅱ，1443–1513 年，自 1503 年至 1513 年间担任教皇。——译者注

且正是这个新世界构成了人类的文明史！"

不，今天这个时代已经不可能再去建造什么活在上世纪的巴黎大学建筑师奈诺和还贴着拜占庭与罗马老邮票的瓦果们那种毫无意义的巨型古建筑了。

勒·柯布西耶与皮埃尔·让纳雷的方案激发了舆论的热情。我们在此先展示一下欧洲精英运动的第一拨浪潮。如果我们能说明围绕这一主题的论述是如何汗牛充栋（报纸、杂志），这拨浪潮就掀得有价值，而在一种冰冷孤独的寂寞之中，其他获奖者正以一种平和的宁静死于这个时代的精神。

克里斯汀·泽尔沃斯[①]

建筑大师们在示威

（《艺术手册》的调查）

法国

前罗马大奖获得者托尼·加尼埃先生，在革新现代建筑的运动中始终保持法国头把交椅的位置。托尼·加尼埃先生深得艾里奥[②]赏识，曾为里昂市修建了欧洲最完善的"禽兽市场"（LE MARCHE A BERTIAUX）、"屠宰场"、"体育场"和"医院"，其对建筑学的追求让他没有屈服于任何压力，只是努力打造一种简单而完美的造型形态。他的影响已经开始 [发表了一部名为《一座工业化城市》（UNE CITE INDUSTRIELLE）的著作] 从根本上动摇了美术学院的教学方式。

1927 年 11 月 12 日于里昂

亲爱的泽尔沃斯先生，

国际联盟总部施工没有授予在大赛评比中排名第一的勒·柯布西耶先生，况且他还完全承担了革新建筑学的使命，是建筑学革新最值得关注

---

① CHRISTIAN ZERVOS，1889–1970 年，希腊裔法国籍艺术批评家、作家、《艺术手册》创刊人。——译者注

② HERRIOT，1872–1957 年，法国政治家、作家。——译者注

的推动者之一，这真是一大不幸。

此致敬礼，云云

——托尼·加尼埃

我们都太年轻，不了解弗朗茨·儒尔丹为现代欧洲最早做出的举动。他的举动有力、执著而强烈，为秋季沙龙①奠定了基础。第一次世界大战前，在其奠基者的推动下，秋季沙龙一举成为法国建筑师的发展基地。秋季沙龙的历史就是一部近25年来的建筑学发展史。而且秋季沙龙的历史也是弗朗茨·儒尔丹的个人史。

1927年11月25日于巴黎

我亲爱的泽尔沃斯，

我刚刚怀着痛苦与屈辱拜读了您的文章，文章对国际联盟总部建筑大赛的论述是如此清晰、如此忠实、如此宽宏、如此勇敢。在像我这样的老实人看来似乎能成为一个新生弥赛亚②的国际联盟，当真会通过绝对不公正的评选——更像是篡改——来自毁名节吗？除去所有美观问题，概算问题是一个首要问题，如此粗暴地无视为竞争者规定的诸项条件实在是玩世不恭。我知道法兰西学会适用的是什么体系，它对"庸俗而可鄙的金钱问题"怀有最为深切的蔑视，对与竞争者订立的事关名誉的契约是那么唯我独尊地嗤之以鼻，但这件事到此还算是发生在自家人之间的事。而到今天，这种卑鄙行径面对的将是整个世界，绝对应该让国际联盟明白，它不能如此自损清白；让它明白，它的宗旨就是要在人类所有的文明、伦理与公民事务中推行正义。

在您最近一期杂志上发表的诸项学院派方案全都如此荒谬，如此累赘、如此不堪一击，只有彻底抛掉嘲讽意识才有可能对其作一番讨论。这种只能建在月亮上或者小城堡剧院舞台上的建筑，让人想到的是曾经荼毒法国人精神并集中了法兰西学会对美术院做出的所有可悲研究结果的种种倾向。这是罗马大奖的标准化方案，充斥着丑陋与浮夸的愚昧。只有勒·柯

---

① LE SALON D'AUTOMNE，始创于1903年的巴黎年度艺术展。——译者注
② MESSIE，希伯来语初意为"受膏者"，指为上帝所选中的、具有特殊权力的人。——译者注

布西耶理解时代特征、时代需求，以及科学发展的时代感，应该由他来承建这座现代化殿堂，它会像帕提农神庙、吴哥窟、圣礼拜堂[①]和协和广场一样美化它的时代。

谨致热烈祝贺与崇高敬意

——弗朗茨·儒尔丹

现代建筑师团体主席

秋季沙龙创始人兼主席

在建筑史上可以写下一笔的新落成技术派作品普莱耶音乐厅的建设者古斯塔夫·里昂先生是巴黎综合理工学院的老毕业生。他致力声学原理研究40余年，成功地列出了明确公式，今后就不再需要对声效蹩脚的会议厅室进行"修复"了；相反，我们从此就可以按照这些原理去建造会议厅室并获得卓越的声学效果，普莱耶音乐厅就是首个例证。

古斯塔夫·里昂先生并未像有些文章中所写的那样介入勒·柯布西耶与皮埃尔·让纳雷方案的合作；只是两位建筑师将里昂先生的理论原则应用到了国际联盟大会礼堂。

古斯塔夫·里昂先生告诉我们：

"我大量考察了日内瓦的诸项方案，看不出在这些大礼堂里有什么奇迹能让人听见讲话者的声音。只有勒·柯布西耶的大礼堂是建立在科学基础上的；勒·柯布西耶和让纳雷来（同行的还有好几个人）找过我，让我向他们解释我通过实验形成公式的声学原理。他们懂得如何画出完美的声线，我确信，在他们的礼堂里，'人们能听见声音。'那些被要求解决这一严重问题的人必须要想到，万国宫的礼堂是'巨大的'，所有装饰性设施只会让听觉丧失。"

我们很难求到巴黎几位著名建筑师的评价意见，他们当中的大部分也都参加了万国宫的设计大赛。也许他们会继其同仁之后自行发表意见？

其他的巴黎建筑师们全都为勒·柯布西耶与皮埃尔·让纳雷方案作了辩护，为我们说了话，他们是：

[①]　LA SAINTE—CHAPELLE，始建于1242年的法国礼拜堂，位于巴黎城岛之上。——译者注

安德烈·吕尔萨（ANDRE LURCAT），我们在这些"手册"中引用过他的很多作品，还有艾尔库肯（ELKOUKEN）、盖夫洛基安（GUEVREKIAN）、莫勒（MOREUX）。

目前住在巴黎的路斯（LOOS）先生写道：

"我全力支持勒·柯布西耶，我认识他很长时间了。我甚至可以说压根就没有问题！"

奥地利

来自维也纳的约瑟夫·霍夫曼先生以其个人努力奠定了当代建筑学所有变革的基础。自 1900 年起，他就继奥托·瓦格纳（OTTO WAGNER）之后与路斯和奥尔布里奇（OLBRICH）共同领导了这场革新运动。受帝国当局委托，他在各大国际展会上打造了几乎所有能代表国家形象的展馆。他还创建了维也纳工厂，并在维也纳建筑学院任教。

1927 年 11 月 28 日于维也纳

经对国际联盟总部获奖方案进行深入研究，奥地利各大建筑机构一致确信，勒·柯布西耶与皮埃尔·让纳雷的方案是最适于实施的一个方案，更何况让当局在最终实施方的选择上举棋不定的只是勒·柯布西耶与瓦果这两个方案。

勒·柯布西耶以众所周知的那种严谨，令人赞赏地遵守了设计要求的所有基础条件并找到了常人难以企及的表达方式，没有任何表面装饰。

无论是从图纸的布局规划还是从其内在的发挥余地看，都是一种完美、清晰而简单的解决方案，并肯定会向前迈出一大步。

奥地利"艺术展"艺术家协会	奥地利中央艺术家协会
"委员会"：	总干事
汉斯·鲍勒（HANS BOHLER）	豪夫保尔（HOFBAUER）
约瑟夫·霍夫曼	"主席"：
欧仁·施坦因霍夫（EUGENE STEINHOF）	"签名"：看不清
阿尔贝·古特尔斯洛	维也纳制造联盟
（ALBERT GUTERSLOH）	O·海特尔（O.HAERDTL）

比利时

亨利·范·德·维尔德（HENRI VAN DE VELDE）是建筑领域最为活跃的改革者。他自 1900 年便参加了巴黎的革新运动。第一次世界大战前，他曾担任比利时装饰艺术运动的领头人，随后又转战德国，他在德国创建并领导了魏玛（WEIMAR）学院。如今，经多次变更，该学院已经变成了德绍①地区的"包豪斯"②。他的国家刚刚把他放到了布鲁塞尔美术学院教育领头人的位置上。

亨利·范·德·维尔德、路易·冯·德斯瓦尔曼（LOUIS VAN DER SWAELMEN）以及维克多·布尔茹瓦（VICTOR BOURGEOIS）谨在中部欧洲与荷兰的建筑团体声明上签名，支持勒·柯布西耶与让纳雷的方案，该方案以其图纸设计（交通、声学、比例）使其成为诸如国际联盟一类机构的必选方案。

以下签名者亦加入了这场支持现代设计的行动：

A·巴雷（A.BARREZ）、M·勃格涅（M.BAUGNIET）、P·布尔茹瓦、M·加斯蒂尔（M.CASTEELS）、L·舍诺伊（L.CHENOY）、F·德伯克（F.DEBOECK）、CH·德科克莱尔（CH.DEKEUKELEIRE）、P·弗洛盖（P.FLOUQUET）、J–J·盖亚尔（J.–J GAILLARD）、M·加斯帕尔（M.GASPARD）、J·吉安（J.GIEN）、E·昂沃（E.HENVAUX）、W·凯塞尔（W.KESSELS）、G·拉蒂尼斯（G.LATINIS）、J·列奥纳尔（J.LEONARD）、K·玛斯（K.MAES）、J·蒙达尔（J.MONDALT）、G·布佩斯（G.POUPEZE）、G·兰斯（G.RENS）、E·冯·德卡门（G.VAN DER CAMMEN）、冯·通德伦（VAN TONDEREN）、P·魏理（P.WERRIE）。

荷兰

H·P·贝尔拉热教授先生是全世界现代建筑领域最无拘束的要人之一。当今绝大多数建筑师都感受到了他的影响力。

伍德（OUD）是鹿特丹市的首席建筑师，这个真正现代化的城市刚刚完工的那些浩大工程无人不知。

---

① DESSAU，德国萨克森–安哈特州（SACHSEN–ANHALT）的行政区以及该区首府。——译者注
② BAUHAUS，1919 年创建于魏玛的建筑大学。——译者注

这封信的其他签名者如今也都跻身于欧洲最优秀的建筑师之列。他们当中的大部分都曾受阿姆斯特丹、海牙、鹿特丹等城市议会委托承建过大型建筑工程。

1927 年 11 月 25 日于海牙

亲爱的泽尔沃斯先生，

继本人 11 月 20 日就您为一份国联总部现代化方案进行辩护的声明所奉信件之后，我谨请您将我的名字与我同事的名字列在一起：

A·H·冯·安鲁依（A.H.VANANRROY）、A·博肯（A.BOEKEN）、W·布林（W.BRUIN）、J·W·E·贝斯（J.W.E.BUYS）、J·杜伊克尔（J.DUIKER）、C·冯·伊斯特伦（C.VAN EESTEREN）、J·B·冯·罗甘（J.B.VAN LOGHEM）、J.J.P. 奥德（J.J.P.OUD）、冯·拉威斯泰因（VAN RAVESTEYN）、G·里特维尔德（G.RIETVELD）、M·斯坦（M.STAM）、A·J·V·D·斯特尔（A.J.V.D.STEUR）、H·TH·维德威尔德（H.TH. WYDEVELD）。

由于现在涉及的是在 9 个获得 12000 瑞士法郎的获奖方案中作出选择，我们宣布"在处理好了与外立面有关的所有美观问题以外，勒·柯布西耶与皮埃尔·让纳雷方案还在尊重地势、尊重外部与内部交通、尊重比例以及尊重大会大礼堂声学效果方面表现出了无可争议的优越性。"

此致敬礼，云云

——H·P·贝尔拉热

瑞士

1927 年 12 月 6 日于苏黎世

在提交给国际联盟国际性大赛的 377 个方案中，无论出于美观还是实用考虑，只有勒·柯布西耶与皮埃尔·让纳雷的方案才应予以实施。

我们为此方案辩护理由如下：尊重地势、保全公园以及最美丽的那部分树群；外部交通结构务实，尤其是汽车交通；总秘书处与大会礼堂分布得尽善尽美；办公室与会议室照明合理；大会大礼堂设计完备，其良好的声学效果已得到现有实例的科学保障：巴黎的普莱耶音乐厅；使用绝对可靠的建筑手段；将方案保持在大赛规则规定的限额之内。

——K·莫塞尔

捷克斯洛伐克

在捷克斯洛伐克的"幽灵"组合中，哥萨尔（GOCAR）先生最为声名卓著，他引导着布拉格科学院建筑学的教育方向。

纵使捷克斯洛伐克如此活力巨大，也没有料到新精神为建筑学带来了如此巨大的影响。当此时刻，捷克斯洛伐克的建筑学运动最值得引起关注。

1927 年 11 月 24 日于布拉格

在我们这些捷克斯洛伐克艺人的眼里，国际联盟就算是从艺术的角度也应该汲取进步精神、尽全力与反动和旧体制作斗争。我们全神贯注地关心着它的一举一动，特别是有关国联总部建筑工程的方案。得知在以日内瓦国联总部为主题的最终辩论中，他们居然用几个效法过时官样建筑、与生活完全脱节、只靠某些不负责任团体的支持而蒙混过关的方案来反对一个真正现代化的方案，我们感到十分震惊。

得知勒·柯布西耶方案夺得优异奖，我们万分喜悦，我们衷心希望这个方案能被选定实施。但我们错了，我们还以为，禀持公正精神、维护创造艺术的利益，解决这一问题本不应费吹灰之力。我们看到，维护现代化建筑的战斗总会遇到看似已经克服的障碍。我们愤怒地注意到，就算是在国际舞台上，居然也能为了支持一些堪称老土级的方案而去编造理由、极不公正地损害一名品质杰出、具有世界级影响力的艺术家的利益。

幽灵艺术家社团在其组织内部集中了捷克斯洛伐克共和国的建筑师、画家和雕塑家精英，它要强力为勒·柯布西耶方案进行辩护。它坚决反对各种形式的干预，只要这些干预不是出于通过修建满足国际联盟最高愿望的建筑来为各成员国国际生活的新纪元提供适当表现形式的单纯目的。

德国

"团体"协会总干事雨果·哈宁（HUGO HARING）先生在最后一刻通知我们，用不了几天他们组织的声明就会寄给我们。我们要把它发表在下一期《艺术手册》上。

在一个一切都井井有条的国度里，"团体"就是维系德国最活跃建筑师的一条纽带。这个组织内有很多名字都具有国际名声：沃尔特·格罗皮乌斯（WALTER GROPINS）、密斯·凡·德·罗（MIES VAN DER ROHE）、梅（MAY）、汉斯·夏隆（SCHAROUN），等等。

专业协会起而请愿

致日本驻布鲁塞尔大使

安达峰一郎阁下   1927 年 10 月 12 日于苏黎世（瑞士）

阁下，

各协会签名于下，谨为欲就日内瓦国联总部所作决定而冒昧直谏阁下，并请您对众多方案中那个堪称未来楷模的最佳解决方案惠予支持。

您可谓大权在握。在 9 个一等奖中作出某项决定的重大责任就落在了您的委员会。这个方案势必会反映出组成评委会人员的不同意见。这些方案表现了建筑领域最为多样化的细微差别：其中某些方案属于那些风格早已过时的发展时期，一如另一些方案可以认定为属于我们这个时代。

国联总部的建设非同小可。这是一种象征——不能想像，为以面向未来为宗旨的国际联盟所建的大楼本身却无法代表面向未来的思想。

一座"无愧于国际联盟"的住宅——就像 9 月 26 日在刚刚结束的会议上所说的那样，——在您看来，绝对不能设计成过于奢华或者所谓富于历史感的风格。所以，我们斗胆恳请您将此设想提交至贵委员会。

同样，我们不无忧虑地获悉了增加拨款的消息，从 1300 万瑞士法郎加到了 1950 万瑞士法郎，担心这种增款很有可能会导致国际联盟日后无法承担责任的后果。这样说还没算上增款一旦生效就将伤及所有严格遵守大赛规定所限预算参赛者的问题。而且，实际上，我们已经看到，能够成为被国际联盟这样的现代化机构所用的建筑标的的方案，完全有可能维持在预定造价限额之内。

不仅出于建筑学的发展，而且还可能出于国际联盟的精神，如果一项如此特殊的任务不能交予具备全力以赴精神并以面向未来为己任的人来完成，那将是十分遗憾的。

顺致崇高敬意

瑞士工业联盟

德意志制造联盟

"团体"协会

德国建筑师协会

奥地利工程师

与建筑师协会

奥地利工业联盟

斯特凡·奥苏斯基部长先生

巴黎夏尔 – 弗罗盖①大街 15 号

1927 年 10 月 14 日于华沙

部长先生，

　　以《当下》杂志为核心的波兰建筑师和画家冒昧向您进言，恳请您动用您在委员会的全部影响以将日内瓦国际联盟总部施工权交予建筑师勒·柯布西耶。

　　在日内瓦考察过所有关于上述总部的方案后，我们完全肯定，在 9 个获奖方案中，勒·柯布西耶方案是"惟一可以当之无愧地代表国际联盟的方案"。它具备一切品质：优秀的布局、杰出的规划组织与现代化的特征。这还不仅仅是《当下》群体的意见，因为全欧洲的现代派建筑师都对勒·柯布西耶方案的优异品质赞许有加。

　　如果您认为，部长先生，有必要将一封反对实施诸如瓦果、布罗吉、奈诺与弗雷让奈麦尔等先生方案的抗议信交予委员会，谨请您惠予告知我们此信应写给何人，我们将通过回程邮班寄出此信。

　　敬请垂顾我等请求并顺崇高敬意

　　　　　　　　齐蒙·西尔库斯（SZYMON SYRKUS）、博丹·拉舍尔（BOHDAN LACHERT）、约瑟夫·扎纳什卡（JOZEF SZANAJCA）、约瑟夫·马里诺夫斯基（JOZEF MALINOWSKI）、艾莱娜·尼米罗斯卡（HELENA NIEMIROWSKA）、昂里克·斯塔泽沃斯基（HENRYK STAZEWSKI）、芭芭拉·布鲁卡尔斯卡（BARBARA BRUKALSKA）

捷克斯洛伐克部长

斯特凡·奥苏斯基阁下，

巴黎夏尔 – 弗罗盖大街 15 号

　　鹿特丹"建筑"建筑师、画家与雕塑家团体谨向负责评选国际联盟方

---

　　①　CHARLES–FLOQUET，位于巴黎第 7 区。——译者注

案的委员会总干事阁下呈告其如下考虑：

国际联盟的原则是找出一种真正反映这一时代理想化发展的表达方式，

这个时代催生了一种以理想形态体现时代真正需求的建筑学，

这种建筑学不再按照目前的时髦运动去演变，而是处处可见其牢固植根于当今生活之中，

而发端于历史形态的建筑学则永远不能满足时代需求并因而无法表现出时代的思想脉络，

"建筑"团体的建筑师成员经对 9 份有关方案进行深入研究，一致认为勒·柯布西耶方案符合所有规定条件，

此外，成员们坚信，上述方案以最为高尚的方式为国际联盟奉献了一件伟大作品。

因此，"建筑"团体谨恳请阁下惠予敦请委员会实施勒·柯布西耶方案为盼。

鹿特丹"建筑"建筑师、雕塑家与画家团体

资料 5

欧洲媒体的表态

《光》（LA LUMIERE）杂志（1927 年 6 月 25 日，巴黎讯）：这就是找到将最新科技进步与拉丁传统统一结合方法的那个方案。国际联盟应以尽快实施为荣，因为这个方案为当代建筑学贡献的是我们这个时代的审美与科学之"和"。国联、当代建筑以及法国艺术家都将为实施勒·柯布西耶的方案而骄傲。

　　　　　　　　　　　　　　　——乔治·于斯曼（GEORGES HUISMANS）

《工作》杂志（DAS WERK）（1927 年 6 月，苏黎世讯）："我们认为勒·柯布西耶与让纳雷方案值得引起那些受命为国际联盟作出最终选择者的关注，因为它无可争议地为国际联盟各部门的组织问题提供了合理而考虑成熟的解决办法，还因为它完全符合选址与山地牧场本身地势的要求。从更高层面看，它还以杜绝一切虚伪奢华、杜绝一切矫饰夸大的做法满足了我们这个时代最为崇高的向往，因为，从根本上说，它以其固有精神与地形地貌融为一体，其最具代表性的表现形式既非欧维夫[1]王室穹顶，亦非主教牧场[2]的宝塔，更非新瑞士某些住宅的那种屋面与尖塔，而是科拉特里[3]、贝尔戈码头[4]以及大码头[5]那种简单而纯净的线条布局。

　　勒·柯布西耶与让纳雷方案就是为契合地形应运而生的。

　　……在我们看来，再为像国际联盟这样的机构覆上抄袭自从前时兴的雕饰外衣是毫无意义的。甚至可以说是一种自认无能，因为，这样一来，那种激发人民活力以及由人民创建的国际组织活力的新精神，就将会被那些不相信现有资源且对未来毫无指望的人们所建造的衣冠冢彻底葬送……"

　　　　　　　　　　　——卡米尔·马丁（CAMILLE MARTIN）于日内瓦

---

① EAUX-VIVES，日内瓦市的一个区。——译者注
② LE PRE-L'EVEQUE，位于法国东部凡尔登市（VERDUN）。——译者注
③ CORRATERIE，日内瓦市的一个区。——译者注
④ QUAI DES BERGUES，位于日内瓦市东南方。——译者注
⑤ LE GRAND QUAI，位于日内瓦东部。——译者注

《日内瓦日报》（JOURNAL DE GENEVE）（7 月 10 日）："我们之所以对勒·柯布西耶与让纳雷方案备加关注，并非因为其他方案毫无价值，仅仅因为它是对自然美景予以最佳保护的一个方案，同时完全可以做到为大自然罩上一层与之完全相符的外壳，而其他方案的体例与最大多数建筑手法在我们看来却与对其虚席以待的地势完全不成比例。"

——纪尧姆·法蒂奥（GUILLAUME FATIO）

《劳动报》（LE TRAVAIL）（日内瓦）："勒·柯布西耶与皮埃尔·让纳雷以更富激情和更加新颖的规划比其他竞争者领会得更加到位且出手层次更高，因为他们内心深处拥有一种为了人类利益去建造美式、俄式……住宅的强烈渴望。既如此，对他们、同样对那些曾长期致力研究这一众所景仰方案的参观者而言，只需顺势而为，全身心地承认此方案绝对处于领先……"

《新苏黎世日报》（NEUE ZURCHER ZEITUNG）（1927 年 7 月 21 日）："在 400 个方案中，只有 8 位竞争者真正带来了生动的解决办法（占 2%），只有一位竞争者如此贴近地满足了布局与结构需求，可以即刻予以实施。我们已经提到过勒·柯布西耶的方案（5 月 15 日），今天，经方案审查后，我们旧话重提。仅仅基于这个方案中的新式建筑手法所达到的将所有人引向某种有效公设的水准，我们就要对整个方案表示我们的全面赞赏。"

——吉迪恩（GIEDION）

《巴塞尔信息报》（BASLER NACHRICHTEN）（1927 年 6 月 27 日）："就像发表的那样，裁决结果没有落到一个陌生者名下，而是落到了一个真正的领导者名下：勒·柯布西耶。在那些获奖建筑师当中，他的名字足称得上是最具国际声望的名字。而且，他的方案只用了大约 1100 万瑞士法郎，这一点很能说明问题，而其他极尽奢华壮观之能事的大手笔最贵的一直花到了 5000 万瑞士法郎。"

《联盟报》（BUND）（1927 年 6 月 30 日，伯尔尼讯）："勒·柯布西耶方案特别打动我们的，不是任何意外，也不是任何一种富于刺激的现代感……它不是随心所欲的时髦产物，而是长期努力的成果，它成就的是一种步步为营且极其精细的建筑手法组合。"

——D.S.G.

《新苏黎世日报》（1927 年 7 月 14 日）："不幸的是，377 个方案中，只有这一个摆脱了程式化，充满了令人愉悦的自由活力，表现了鲜活建筑的率真线条，同时远离了号称'古典'的戏剧化夸张，不过也仅限于机器现代化歇斯底里的嚎叫。"

——P.M.

《日内瓦日报》（1927 年 7 月 5 日）："勒·柯布西耶与皮埃尔·让纳雷先生是惟一优先考虑到保留征用土地上美丽树木的两个人。"

——CD

《日内瓦日报》（1927 年 7 月 8 日）："毋庸置疑，正是这一方案掀起了对其建筑方法新奇之处最富激情的大辩论。尽管如此，所有人都一致承认其总体规划中的创造性和优越性，这一切我们以前曾经说到过。"

《科隆日报》（1927 年 7 月 11 日，德国讯）："在这种情况下，应该祝愿勒·柯布西耶方案能够被选中实施；他至少可以称得上是一位创造性艺术家。"

——阿尔贝·德奈克（ALBERT DENECKE）（获奖竞争者之一）

《法兰克福日报》（1927 年 7 月 20 日，德国讯）："对我们所有多年以来寄望于勒·柯布西耶这个名字的人来说，得悉他的方案排名第一并在今天的展示会后被日内瓦绝大多数参观者认定为远胜于他人的大赛最佳方案，真是莫大的喜悦……这个方案以如此完美的方式将大楼布局、建筑的审慎美与工程技术手段合为一体，无数声音在日复一日越来越强烈地要求着实现这一方案。也许国际联盟就此会获得一个作为现代建筑学最单纯设计方案，作为一位创造型人才以最高境界打造的最优秀作品的总部。"

——约瑟夫·甘特奈尔（JOSEPH GANTNER）

《**新欧洲**》（1927 年 9 月 10 日，巴黎讯）："在所有方案中，他们的方案是最经济的，也是最尊重日内瓦湖畔美景的。接下来呢？对勒·柯布西耶方案的反对从何而来，不实施这个方案还等什么？

　　这时，传统主义者联盟开始插手，他们无端否定了勒·柯布西耶与让纳雷理解美好事物的才干。尽管我们已历经整个 19 世纪，尽管工程师早已应运而生，但美好事物——建筑学——依然故我地覆以重叠形式、石膏花饰和繁复点缀。涉及小型工程，佩雷与勒·柯布西耶这对兄弟固然可以捍卫直线与简单，舆论固然可以勉为其难地予以接受。但一旦面对大型建筑，任何大胆的审美突破便不再成为可能。只能不加争议地回复到司空见惯的永恒程式与系列化伪审美之中。

　　为什么不能向国联那些如此举棋不定的委员们明确一下，审美领域存在另外一种颠扑不破的真理，为什么不能在指定勒·柯布西耶与让纳雷方案的同时告诉他们：'只有这个方案能够表现美'？我们就小心谨慎地固守教条吧。但有一点毋庸置疑，那就是如果将国联覆之以仿古宫殿，我们就会将其视为最悲哀的错误，视为对历史与审美最严重的曲解。"

　　《**7 种艺术**》（7 ARTS）（1927 年 11 月 27 日，布鲁塞尔讯）："……公平要再说一句，法国代表勒马来斯基耶（LEMARESQUIER）先生似乎是其同胞勒·柯布西耶方案最主要的对手之一。而法国，这个在各现代活动领域都拥有一流创造人才的国度，却了解到其'官方'代表在国外犯了错误：法兰西学会、法兰西学术院与享受剧院补贴的那些秃顶与鹦鹉们怎么就如此吝于选择呢？

　　……欧洲精英们对这样的交易群情激奋；德国、荷兰、奥地利、捷克斯洛伐克、法国、比利时等国家最优秀的专业报纸、各主要建筑师协会与最著名的建筑师们……都站到了勒·柯布西耶与让纳雷方案一边。国联真能置活泼的艺术欧洲于不顾而悍然选择英国与意大利的政治同盟吗？"

　　　　　　　　　　　　　　　　　　　——维克多·布尔茹瓦

　　《**瑞士报**》（LA SUISSE）（1927 年 10 月 12 日，日内瓦讯）："……如果说我最后对勒·柯布西耶与让纳雷方案留下印象，那是因为我想与读者分享一下我对在我们时代的艺术表现力中代表一家之言的这两个低调建筑的一点思考。我看过他们的部分著作，对他们的建筑作品也略知一二。我认为他们不仅是现代艺术运动的理论家，同时也是将我们的工程师与产业所应用的科学方法转化到居住领域的初衷者。那些我们在游轮上所能欣赏到的技术上的精细、维护上的便利与合理的舒适度，他们也都愿意应用到我们的住宅与家具上。为什么不能？这些事物都需要借助智慧，而我认为这一切都是完全合乎理性的，但是……它们在我们的美观设计中又能起到多大的作用呢？因为我们最终都会拥有自己的感觉。非要作出某种保留，而且我也理解这些完全取材自其国际联盟天才方案的人要求他们对外立面所作的修改。确实，勒·柯布西耶与让纳雷的图纸受到了责难，指责他们用具有工厂外观般的大图去展现其建筑设计，但这还不是因为他们一向耻于使用那些容易得由某些学派让我们司空见惯且专业人士也放任为之的'逼真'、仿真效果吗？"

《生动的建筑学》（L'ARCHITECTURE VIVANTE）（1927 年秋冬季节，巴黎讯）："……这次集中了 377 个方案并共计覆盖了 10 公里展板的宏伟大赛，曾经（如果我们借鉴一下评委会正式报告以外的其他消息来源）把勒·柯布西耶与皮埃尔·让纳雷的方案列在所有方案之首。也许只有在作出最高决议之时我们才能准确知晓评委会多达 64 次的会议讨论内容！

眼下，刚刚在日内瓦结束的全部方案的展示表明，无论公众还是专业人士都被引导到了这一方案的创新思路之上。各国的每日报刊与专业杂志也都转而赞同这一方案中构成其根本准则的决定性的贡献，并认可了方案中展示当代精神的无可争议的表现力。

我们完全可以说：为勒·柯布西耶与皮埃尔·让纳雷方案所颁的奖项在所有地域都被强化成了一种事件。我们期待着国际联盟做出还原其建筑师为当代决定性作品之一所付心血的举动。"

——让·巴多维奇（JEAN BADOVICI）

《中部欧洲》（L'EUROPE CENTRALE）（1927 年 11 月 5 日，布拉格讯）："……这个惟一能代表现代精神的方案归功于勒·柯布西耶与皮埃尔·让纳雷先生：两位定居巴黎的瑞士建筑师。这显然是所有寄来的方案中最有意思的一个，绝对无愧于大赛初衷，无愧于作者的声望，尤其是勒·柯布西耶，他也许称得上是我们现代建筑界的引导者之一。

……补充一下，勒·柯布西耶与让纳雷的方案还赢得了来自非相关行业所有人的赞同，以及世界各方建筑师协会甚至国联秘书处工作人员的赞同。

……同样，捷克斯洛伐克艺术界认为，有必要让他们国家的代表知道，他们以及全体公众都对勒·柯布西耶这位对捷克斯洛伐克建筑事业的发展产生重大影响的伟大建筑师充满好感。可以期待，将勒·柯布西耶视为当今最杰出建筑师的法国舆论，将会发自内心地支持他。所以国际联盟必须要下决心考虑这个最相称的方案。"

——卡莱尔·台日（KAREL TEIGE）

《绝不妥协》（1927 年 11 月 10 日，巴黎讯）：——"围绕一座宫殿展开的一场战役。日内瓦人对陈旧过时的国际联盟建筑方案嗤之以鼻。"日内瓦打起来了。谁能相信？围绕一座宫殿而战。还是一座并不存在的宫殿："……但让我们进一步感到惊讶的，就是看到差点让两位瑞士建筑师勒·柯布西耶与让纳雷的方案成为牺牲品的怪异操作。这个方案，出于我也不知道是什么的手段，在被选中之后，又被排除在外，不是因为它没有满足大赛条件，而是因为图纸被画在了'某种不符合规定的纸上'！最后，面对有可能出现的丑闻，它又获得拯救并被排进了第一阵容。

没有比这更正确的决定了。在所有方案中，这个方案最能迎合日内瓦人的心灵，同时也满足了国际联盟的需求和现代艺术最大胆但也是最合理的设计理念。对我们来说最重要的一点，就是这个方案将建筑全部安插在了树与树之间空旷的林中空地上，只在湖面伸出了一个相对细窄的尖角，而不是威胁景观、威胁树木并且以没完没了的立面挡住海滨风光；景观因而得以保留原貌。

……大部分惊悉此消息的日内瓦人都兴奋不已。看到这个方案在高层最受争议，他们的惊讶程度更加强烈。

……这位德高望重的日内瓦老人告诉我们，日内瓦——既然这座城市将承受新建筑的落成——很希望有所表示。

该说的都说了。应该能被听进去吧。"

——加布里埃尔·布瓦西（GABRIEL BOISSY）

　　《福斯日报》[①]（1927 年 11 月 3 日，柏林讯）："迫使我们作出选择立场的，是来自日内瓦的消息，让我们获悉排名第一的是勒·柯布西耶和瓦果的两个方案。在勒·柯布西耶与瓦果之间作出的裁定恰恰意味着在'今天'与'前天'之间作出的裁定。

　　……所有的良好祝愿都倾向于与瓦果方案形成竞争态势的勒·柯布西耶方案，人们渴望看到的是面向未来而不是面向过去的国际联盟的政治新面貌。

　　希望 5 国代表有勇气摆脱对常规建筑的无谓争议。"

——阿道夫·贝纳博士（DR ADOLF BEHNE）

　　《建筑世界》[②]（1927 年 11 月 3 日，柏林讯）："围绕国际联盟工程在日内瓦开打的这场战役说实话根本就算不上一场战役，因为它涉及（如果我们从革新角度来看的话）的是早有定论的事物！就是幽灵。也许命里注定我们看不到幽灵显形！无论如何，国际联盟必须有所作为，以免在良知面前铸成大错。

　　……纸里是包不住火的。普遍存在的躁动情绪已然四处纷起。在瑞士，很多人公然表示，增加拨款就是对合同的终止行为。如果国际联盟真要像人们所说的那样必须秘密作出决定，那么，人们久违的丑闻事件大爆发就为期不远了。

　　但在这一法律问题之上，还有一个不容忽视的问题：'恪守道德'。我们想不出其他的说法。一个放任因循常规工程的国际联盟所表现的其实就是一种小丑形象。

　　一个想要活下去的国际联盟就要与生活保持接触。

　　活下去意味着'生产力'，而生产力只能存在于面向未来力量的过程之中。

　　国际联盟一旦与幽灵结合，那么这些幽灵有一天就会成功地毁掉它。"

　　《新苏黎世日报》（11 月 9 日晨版）："巴黎杂志《艺术手册》第 7–8 期发表了编辑克里斯汀·泽尔沃斯的署名文章，题目是：'谁来建造日内

---

① VOSSISCHE ZEITUNG，1721–1934 年间发行的柏林报纸。——译者注

② BAUWELT，创刊于 1907 年的德国杂志。——译者注

瓦国联总部？'作者讲述了那个很不光彩的故事，那就是评委会作出的'3×9次奖项'的最终决定以及评委会每位成员都要重排一个已经排名'第一'方案的奇怪的兜圈行为。然后，到后来，就出现了这次奇异的操作：国际联盟'最终'决定将拨款从1300万瑞士法郎增至1900万瑞士法郎。所有这些有害无益的事实均得到了翔实的叙述。其实就是对勒·柯布西耶方案既现代化又毫不妥协精神的蓄意反对。'最后论证的增款行为完全是冲他来的'，因为，如果完全符合设计要求，以率直勇气和合理采用新技术满足国际联盟实用性的勒·柯布西耶方案曾经引起那些决意走出建筑新路者的关注，如果这个方案只用了1200万瑞士法郎，提高拨款就意味着某些领域内的人士并不想要勒·柯布西耶的方案，但又想通过更加外交的途径来达到目的……

我们看到的只是勒·柯布西耶方案的这种实际特点优于拉布罗（巴黎）、奈诺与弗雷让奈麦尔（巴黎）、勒费弗尔方案的惊人奢华、优于意大利人瓦果、布罗吉及其助手方案难以言说的特征的地方。"

DR HANS TROG

资料 6

（《艺术手册》，1928 年 1 月，第 10 期）

谁来建造国联总部？
III. 评委会的决定

由

安达（日本）　　　　　　　　奥苏斯基（捷克斯洛伐克）

爱德华·希尔顿·杨爵士（英国）　　　　　波利第斯（希腊）

乌鲁提亚（哥伦比亚）先生的委员会

决定

国联总部

由

罗马大奖获得者

法兰西学会委员

法国艺术家沙龙主席

奈诺先生承建

以下就是奈诺先生 1927 年 12 月 24 日对《绝不妥协》发表的声明：

"自法国队加入之日起，它的目的就是要打败野蛮。我们称之为野蛮的就是某种建筑学，或者更确切地说是一种反建筑学，近几年来，它在东方和北方欧洲甚嚣尘上，其可怕程度一点也不亚于那种'挥鞭猛击'式风格，我们有幸于 20 多年前埋葬了这种风格。这种野蛮把历史上的所有美好时代全都否定了，而且，不管怎么说，还侮辱了民意与高雅品位……"

这是针对野蛮取得的一次完全胜利！！

"相信这种胜利的无谓叫喊只会让那些以为出自人类才干的艺术与伟大作品都是国家主义者专有特权的人欣喜若狂，而勒·柯布西耶，其方案直到最后一分钟才被评委会以及舆论乃至 5 人大使委员会特聘专家所指定，他才是当代建筑学拉丁运动中最负盛名的杰出代表。

感谢上帝，奈诺先生的胜利，彻底破坏了由拉布鲁斯特[①]缔造于 19 世

---

① LABROUSTE，1801–1875 年，法国建筑师。——译者注

纪的建筑变革主线，据我们所知，他可不是什么北区蛮夷。"

一年前我们就知道法兰西学会赢得了这一回合，但我们仍要抗议这种为美术学院的生存而作困兽斗的反动学术势力。

最后，我们要求：

诚实的人们要从这个大赛幌子中想到：

其中

"1）选手已被提前指定。

2）被建筑师评委会指定的竞争者被禁止建造国联总部，其可笑借口是他的方案是用印刷油墨制作的（参见《艺术手册》，第7–8期）。

3）建筑造价开始被定为1300万瑞士法郎，违者废除参赛资格，后来却被翻了一番，仅仅为了照顾那个赛前就已经指定的选手（参见《艺术手册》，第7–8期）。

4）选定建造国联总部的选手享有充分修改其方案的自由度，以令对在外交舞台幕后策划的偷梁换柱义愤填膺的公众舆论稍许满意。"

国际联盟是否考虑到大赛已是覆水难收了呢？

——克里斯汀·泽尔沃斯

"资料5"：从两口雪茄间撷取的保罗 – 本古尔[1]的谈话：

……"仔细想想，所有体制下不都是如此吗？法国历史的坚实结构难道不是由高级官吏们筑成的吗？他们就叫做科贝尔[2]；他们就叫做卡尔诺[3]。他们鞠躬尽瘁，他们添砖加瓦，而国王们却居功自傲，政客们却夸夸其谈。体制垮了，民众们抛弃了他们曾经的欢呼对象；政治如过客；建筑依然存在，这才是最主要的。"

（1928年5月24日，"日记"）

---

[1] PAUL-BONCOUR，1873–1972年，法国政治家。——译者注
[2] COLBERT，1619–1683年，1665–1683年间担任法国财政总监——译者注
[3] CARNOT，1837–1894年，1887–1894年间任法兰西第三共和国第四任总统——译者注

＊
＊　＊

　　科贝尔何许人也?

　　愿新一代科贝尔横空出世！我们无处不在，我们激情洋溢，我们数不胜数，我们都期待着他的出现。他沉着冷静，"但他信奉上帝。"

　　一个充满时代感的人！